凡亿教育·电子设计速成系列

Mentor PADS VX2.7（中文版）
电子设计速成实战宝典

龙学飞　黄　勇　郑振宇　编著

电子工业出版社

Publishing House of Electronics Industry

北京·BEIJING

内 容 简 介

本书以2020年正式发布的全新Mentor PADS VX2.7电子设计工具为基础，全面兼容VX2.4、VX2.5等版本。全书包括12章内容，系统地介绍了Mentor PADS VX2.7简介及安装，OrCAD Capture原理图设计，利用OrCAD进行原理图设计，PADS Logic基础设置及元件库设计，PADS Logic 原理图设计，PADS Layout 组件开发环境及应用，PADS Layout PCB流程化设计，PADS Layout DRC验证与生产输出，PADS Router组件应用；并通过STM32数模分割设计，四层DM642达芬奇开发板设计，六层TVBOX设计，让读者利用Mentor PADS轻松进行电子设计。本书以实战的方式进行图文描述，实例丰富、内容翔实、条理清晰、通俗易懂，让读者将理论与实践相结合，先简后难，不断深入，适合读者各个阶段的学习与操作。全书采用汉化的中文版本进行讲解，目的在于使读者学习完本书后，按照操作方法能设计出自己想要的电子图纸。学习电子设计，一本书就够了！

本书可作为高等院校电子信息和计算机相关专业的教学用书，也可作为大学生课外电子制作、电子设计竞赛的实用参考书与培训教材，同时可作为广大电子设计工作者快速入门及进阶的参考用书。本书随书赠送超过25小时的超长基础视频教程，读者可以在本书封底扫描二维码或进入PCB联盟网直接获取链接下载学习。

图书在版编目（CIP）数据

Mentor PADS VX2.7（中文版）电子设计速成实战宝典 / 龙学飞等编著. 一北京：电子工业出版社，2022.9
ISBN 978-7-121-44323-7

Ⅰ. ①M… Ⅱ. ①龙… Ⅲ. ①电子电路—计算机辅助设计—应用软件 Ⅳ. ①TN702

中国版本图书馆CIP数据核字（2022）第172147号

责任编辑：曲　昕　　文字编辑：康　霞
印　　刷：北京虎彩文化传播有限公司
装　　订：北京虎彩文化传播有限公司
出版发行：电子工业出版社
　　　　　北京市海淀区万寿路173信箱　　邮编：100036
开　　本：787×1092　1/16　印张：21　字数：537.6千字
版　　次：2022 年 9 月第 1 版
印　　次：2024 年 1 月第 2 次印刷
定　　价：108.00元

前　言

　　面对功能越来越复杂、运行速度越来越快，体积越来越小的电子产品，各类电子设计需求大增，学习和投身电子产品设计的工程师也越来越多。由于电子设计领域对工程师自身的知识和经验要求非常高，大部分工程师很难做到得心应手，在遇到运行速率较高、产品功能复杂的电子产品时，会出现各类设计问题，造成很多项目后期调试过多，甚至报废，浪费了人力物力，延长了产品研发周期，从而影响了产品的市场竞争力。

　　作者通过大量调查和实际经验得出，工程师设计的困难在于以下几点：

　　（1）刚毕业没有实战经验，不熟悉软件工具，无从下手。

　　（2）做过简单的电子设计，但是没有系统设计思路，造成设计后期无法及时保质完成。

　　（3）有丰富的电路设计经验，但无合适的设计工具，无法得心应手。

　　以 OrCAD+PADS 为工具进行原理图设计与 PCB 设计是电子信息类和电气信息类专业的一门实践课程，也是电子设计常用的设计工具之一，面对信息化社会中电子应用领域的不断扩大，作者以职业岗位分析为依据，用"真实产品为载体""实际项目流程为导向"的教学理念编写本书。

　　传统的理论性教材注重系统性和全面性，但实用性不是很好。本书基于实战案例的教学讲解，注重读者综合能力的培养，在教学过程中以读者未来职业角色为核心，以社会实际需求为导向，兼顾理论内容与实践技术，形成了课内理论教学和课外实践活动的良性互动。实践表明，这种教学模式对创新思维的培养和实践能力的提高有很大帮助。

　　本书由专业电子设计公司的一线工程师和大学教师联合编写，充分展示了作者使用 OrCAD + PADS 进行原理图设计与 PCB 设计的丰富经验及技巧，并且以职业岗位分析为依据，以读者学完就能用、学完就有上岗就业竞争力为目标，由浅入深，从易到难，按照流程化设计的思路讲解相关软件的各类操作命令、操作方法及实战技巧，力求给各阶段的读者都能带来实实在在的干货。

　　第 1 章主要对 Mentor PADS VX2.7 进行总体介绍，让读者从总体上了解该软件，并对 Mentor PADS VX2.7 安装的全过程进行介绍。

　　第 2 章介绍使用 OrCAD Capture 17.4 进行原理图元件库创建的过程，包括手动创建方式及通过 Excel 表格创建方式等。

　　第 3 章介绍使用 OrCAD Capture 17.4 进行原理图设计，包括原理图放置元件、信号连通、生成 BOM 表、生成网表等操作，帮助初学者快速掌握 OrCAD。

　　第 4 章介绍使用 PADS Logic 软件进行原理图元件库创建的过程，包括手动创建方式及利用 Excel 创建方式等，并介绍了几个库的相互关联。

第 5 章介绍使用 PADS Logic 软件进行原理图设计，包括原理图放置元件、信号连通、生成 BOM 表、生成网表等操作，帮助初学者快速掌握 PADS Logic。

第 6 章介绍使用 PADS Layout 组件开发环境进行 PCB 设计的基本操作，包括默认参数设置、快捷键设置等，帮助初学者快速对 PADS Layout 有一个清晰的认识。

第 7 章介绍使用 PADS Layout 组件进行 PCB 流程化设计，包括 PCB 的导入网表、器件布局、规则设置、布线扇孔、光绘文件输出、IPC 网表生成、PDF 文件导出等操作，帮助初学者快速掌握利用 PADS Layout 进行 PCB 设计的操作。

第 8 章主要介绍 PCB 设计完成之后的设计规则检查，包括各项电气规则检查，常见的检查包括间距、开路及短路的检查，更加严格的还有差分对、阻抗线等检查。

第 9 章介绍使用 PADS Router 进行 PCB 布局、布线设计的基本操作，包括器件布局、规则设置、与 Logic 及 Layout 设计同步、信号布线连通、蛇形等长等操作，帮助初学者快速掌握利用 PADS Router 进行 PCB 设计的操作。

第 10 章选取一个入门阶段最常见的 SMT32 开发板案例，通过简单两层板全流程实战项目演练，旨在让 PADS 初学者贯通理论和实践，掌握电子设计的基本操作技巧及思路，解决初学者的痛点问题，全面提升其实际操作技能和学习积极性。

第 11 章以一个四层 DM642 达芬奇开发板设计实例作为引子，使读者初步认识多层板设计。

本章以多层板的设计流程为例，讲解两层板与四层板的不同点和相同点，因为不管是两层还是多层，其原理图的设计都是一样的，所以不再讲解绘制过程，主要讲解 PCB 设计，包含原理图检查、封装创建、PCB 布局、PCB 布线、高速蛇形等长、3W 原则、拓扑结构、EMC/EMI 的常见处理方法。

第 12 章选取一个进阶实例，是为进一步学习 PCB 技术的读者准备的。一样的设计流程、一样的设计方法和分析方法，让读者明白，其实高速 PCB 设计并不难，只要分析弄懂每个电路模块的设计，不管遇到什么类型的 PCB，就可以像庖丁解牛一样，按照"套路"设计好。

书中内容适合电子技术人员参考，也可作为电子技术、自动化、电气自动化和计算机相关专业本科生和研究生的教学用书。如果条件允许，还可以开设相应的实验和观摩课程，以缩小理论学习与工程应用实践的差距。书中涉及的电气和电子方面的名词术语、计量单位，力求与国际计量委员会、国家技术监督局颁发的标准文件相符，但是一些截图是软件自动生成的，故保留原图，未按标准修改。

本书的编写工作得到湖南凡亿智邦电子科技有限公司郑振凡的大力支持；在编辑出版过程中得到电子工业出版社的鼎力支持，曲昕编辑为本书的顺利出版做了大量工作，在此一并表示衷心感谢。

祝愿大家学习愉快！

作 者

2022 年 7 月 20 日

目　录

第 1 章　Mentor PADS VX2.7 简介及安装 1

　1.1　Mentor PADS VX2.7 的安装 2

　1.2　Mentor PADS VX2.7 的激活 3

　1.3　Mentor PADS VX2.7 组件 5

　　1.3.1　PADS Logic 的介绍 5

　　1.3.2　PADS Layout 的介绍 6

　　1.3.3　PADS Router 的介绍 7

　1.4　本章小结 9

第 2 章　OrCAD Capture 原理图设计 10

　2.1　原理图符号介绍 10

　2.2　元件库编辑界面 10

　2.3　简单分立元器件符号的创建 12

　2.4　创建 Homogeneous 类型原理图符号 18

　2.5　创建 Heterogeneous 类型元件 20

　2.6　通过 Excel 表格创建元件 21

第 3 章　利用 OrCAD 进行原理图设计 25

　3.1　原理图编辑界面介绍 25

　3.2　元件的放置 35

　3.3　电气连接的放置 44

　3.4　放置字符标注及图片 51

　3.5　原理图的全局编辑 53

　3.6　PCB 封装的添加 60

　3.7　网表的生成 62

　3.8　原理图 DRC 的检查 64

3.9 物料清单（BOM）的输出 64

3.10 OrCAD 中常用快捷键介绍 67

第 4 章　PADS Logic 基础设置及元件库设计 68

4.1 PADS Logic 界面介绍 68

4.2 Logic 常用参数设置介绍 69

4.3 显示颜色设置及颜色模板调用 74

4.4 软件中英文版本的切换设置 76

4.5 元件库的新建和管理 77

    4.5.1 新建元件库 78

    4.5.2 管理元件库列表 80

4.6 元件封装的创建 81

    4.6.1 单门元件库的创建 81

    4.6.2 IC 类封装的创建 88

    4.6.3 多门元件封装的创建 90

    4.6.4 电源符号的创建 94

    4.6.5 元件库复制 96

第 5 章　PADS Logic 原理图设计 101

5.1 新建原理图项目 101

5.2 在原理图中添加及编辑元件 103

5.3 原理图信号连通设计 109

5.4 电源符号和地符号的处理 111

5.5 总线处理 114

5.6 PADS Logic 文件与 Layout 同步导入网表 117

5.7 Logic 文件的输出 120

第 6 章　PADS Layout 组件开发环境及应用 124

6.1 PADS Layout 组件操作界面介绍 124

6.2 PADS Layout 快捷键和无模命令 126

    6.2.1 常用快捷键及无模命令 126

    6.2.2 自定义快捷键 127

6.3 设计默认参数设置 131

6.4 显示颜色设置 141

6.5　PCB 封装设计 144

第 7 章　PADS Layout PCB 流程化设计 153

7.1　PCB 设计前处理 153

7.1.1　结构板框导入 153

7.1.2　结构板框导入 PCB 图形不完整处理 154

7.1.3　手动绘制板框 158

7.1.4　原点设置 161

7.1.5　叠层设置 162

7.1.6　导入网表或 ASC 文件 164

7.1.7　ECO 网络表导入：更新 PCB 文件 165

7.2　常用设计规则设置 167

7.2.1　默认规则设置 167

7.2.2　类规则设置 169

7.2.3　网络规则设置 170

7.2.4　条件规则设置 171

7.2.5　过孔设置 173

7.3　布局基本操作 174

7.4　布线基本操作 182

7.4.1　布线 182

7.4.2　修线 183

7.4.3　过孔处理 185

7.4.4　虚拟过孔 187

7.5　覆铜处理 189

7.6　Xnet 关联网络 197

第 8 章　PADS Layout DRC 验证与生产输出 200

8.1　验证设计：DRC 200

8.1.1　安全间距 DRC 200

8.1.2　连接性 DRC 202

8.2　尺寸标注 203

8.3　丝印位号的调整 205

8.4　文件输出 207

8.5　光绘文件 210

8.6　IPC 网表导出与贴片器件坐标文件生成 221

第 9 章　PADS Router 组件应用 225

9.1　PADS Router 组件界面介绍 225

9.2　PADS Router 组件默认选项设置 227

9.3　PADS Router 组件与 PADS Logic 及 PADS Layout 组件同步协作 233

9.4　PADS Router 组件快捷键设置 234

9.5　PADS Router 组件布局操作 235

9.6　PADS Router 组件设计规则设置 236

9.7　PADS Router 组件设计布线操作 239

第 10 章　STM32 数模分割设计 255

10.1　设计流程分析和工程文件、库的创建 256

10.2　元件库的创建 258

　　10.2.1　TFT_LCD 元件封装的创建 258

　　10.2.2　LED 灯的元件库创建 261

10.3　原理图设计 263

10.4　PCB 封装的制作 267

10.5　元件封装的分配 269

10.6　PCB 导入 270

10.7　绘制板框 271

10.8　PCB 布局 271

10.9　类的创建及 PCB 规则设置 273

　　10.9.1　类的创建 273

　　10.9.2　间距和线宽规则设置 275

　　10.9.3　过孔规则设置 275

　　10.9.4　铜皮连接规则设置 275

　　10.9.5　差分类的创建和差分规则设置 277

10.10　PCB 扇孔及布线 277

10.11　走线与覆铜优化 280

10.12　DRC 281

10.13　丝印位号的调整和装配图 PDF 文件的输出 281

　　10.13.1　丝印位号的调整 281

　　10.13.2　装配图 PDF 文件的输出 282

10.14　Gerber 文件的输出 283

10.15　IPC 网表的输出 284

10.16　贴片坐标文件的输出 284

10.17　BOM 的输出 285

第 11 章　四层 DM642 达芬奇开发板设计 287

11.1　实例简介 287

11.2　原理图文件和 PCB 文件的新建 287

11.3　封装匹配的检查及 PCB 导入 288

　　11.3.1　封装匹配的检查 288

　　11.3.2　PCB 导入 289

11.4　PCB 推荐参数设置、叠层设置及板框绘制 290

　　11.4.1　PCB 推荐参数设置 290

　　11.4.2　PCB 叠层设置 290

11.5　交互式布局及模块化布局 294

　　11.5.1　交互式布局 294

　　11.5.2　模块化布局 294

　　11.5.3　布局原则 295

11.6　类的创建及 PCB 规则设置 295

　　11.6.1　类的创建及颜色设置 295

　　11.6.2　PCB 规则设置 296

11.7　PCB 扇孔 299

11.8　PCB 布线操作 299

11.9　PCB 设计后期处理 300

　　11.9.1　3W 原则 300

　　11.9.2　修减环路面积 300

　　11.9.3　孤铜及尖岬铜皮的修整 301

　　11.9.4　回流地过孔的放置 302

11.10　本章小结 302

第 12 章　六层 TVBOX 设计 303

12.1　实例简介 303

12.2　叠层结构及阻抗控制 305

　　12.2.1　叠层结构的选择 305

12.2.2　阻抗控制 305

12.3　设计要求 307

12.4　模块化设计 309

12.4.1　CPU 的设计 309

12.4.2　存储器 DDR3 的设计 311

12.4.3　存储器 NAND Flash / EMMC 的设计 314

12.4.4　HDMI 的设计 316

12.4.5　百兆网口的设计 317

12.4.6　USB OTG 的设计 318

12.4.7　WiFi / BT 的设计 319

12.5　设计中的 QA 要点 322

12.6　本章小结 325

第 1 章

Mentor PADS VX2.7 简介及安装

随着电子技术的不断发展和芯片生产工艺的不断提高，印制电路板（PCB）的结构变得越来越复杂，从最早的单面板到常用的双面板，再到复杂的多层板，电路板上的布线密度越来越高，同时随着 DSP、ARM、FPGA、DDR 等高速逻辑元件的应用，PCB 的信号完整性和抗干扰性能显得尤为重要。依靠软件本身自动布局、布线无法满足对板卡的各项要求，需要电子设计工程师具备更高的专业技术水平，同时因为电子产品的更新换代越来越快，需要工程师深挖软件的各种功能、技巧，以提高设计的效率。

电子产品设计是电子设计工程师的工作内容，也是电子设计工程师工作热情的源泉。如果电子设计工程师的大部分工作时间都在做一些琐碎的工作，那么这些工作会扼杀工程师的创造力，使之脱离实际设计。

Mentor PADS 桌面自动化设计解决方案提供了功能强大的环境，可帮助工程师化解日常遇到的 PCB 设计挑战。利用 PADS，不仅可以更快、更好地完成工作，而且能节省成本。PADS 标准版可在直观且简单易用的环境中提供原理图设计和 Layout 功能，这对于寻求高价值并经过生产验证的工具的工程师而言，可谓理想之选。PADS 标准版非常适用于复杂度较低、优先考虑成本的 PCB 设计，当然，应付具有一定复杂度的高速 HDI 板也是可以胜任的。

PADS 是 Mentor Graphics 公司的电路原理图和 PCB 设计工具软件。目前该软件是国内从事电路设计的工程技术人员主要使用的电路设计软件之一，是 PCB 设计高端用户最常用的工具软件。PADS Layout/Router 环境作为业界主流的 PCB 设计平台，以其强大的交互式布局布线功能和易学易用等特点，在通信、半导体、消费电子、医疗电子等当前较活跃的领域得到了广泛的应用。PADS Layout/Router 支持完整的 PCB 设计流程，涵盖了从原理图网表导入，规则驱动下的交互式布局布线，DRC/DFT/DFM 校验与分析，直到最后的生产文件（Gerber）、装配文件及物料清单（BOM）输出等全方位的功能需求，可确保 PCB 工程师高效率地完成设计任务。

应市场需求，PADS 不断推陈出新，以满足不断更新的电子产品设计提出的挑战，从 PADS 2005 开始，到目前应用较多的 PADS VX2.7，总体来说功能越来越强大。

1.1　Mentor PADS VX2.7 的安装

Mentor PADS 的安装步骤比较简单，安装程序包提供了丰富的安装选项，用户可以根据需求选择性地安装。

（1）从官网或其网站下载 Mentor PADS VX2.7 的安装包，打开安装包目录，双击"Setup"按钮，安装程序启动，稍后出现如图 1-1 所示的 Mentor PADS VX2.7 安装向导对话框。

（2）单击该安装向导对话框中的"下一步"按钮，显示图 1-2 所示的对话框。这里注意需单击"跳过"按钮，显示图 1-3 所示对话框，单击"同意"按钮。

（3）如果需要默认安装，在接下来的对话框中直接单击"安装"按钮即可（见图 1-4）。不过一般需要对安装的一些选项进行修改，可以通过单击对话框中的"修改"按钮来进行。我们可以对"Product Selection"（安装功能）、"Target Path"（安装路径）、"PADS Projects Path"（工程路径）进行变更，如图 1-5 所示。

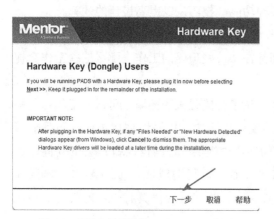

图 1-1　安装向导对话框 Hardware Key 窗口

图 1-2　"Welcome to PADS Installation"对话框

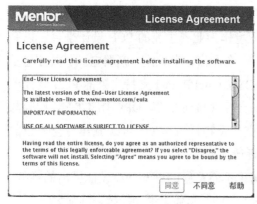

图 1-3　"License Agreement"对话框

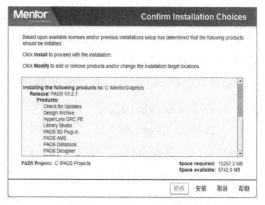

图 1-4　确认安装选择

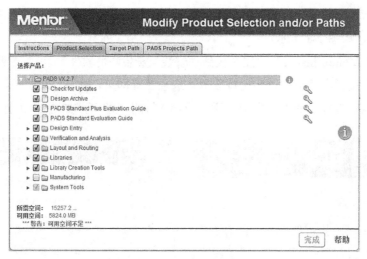

图 1-5　安装选项的修改

（4）修改完成，即可单击"完成"按钮继续，如图 1-6 所示。

（5）等待 5 ～ 10 分钟后，会出现如图 1-7 所示的安装结束对话框，选择"at a later time"选项，然后单击"完成"按钮，软件安装完成。

图 1-6　正在进行安装

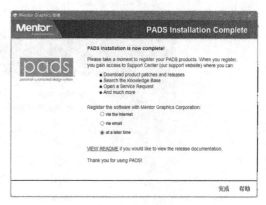

图 1-7　安装结束

不安装可选项可以节省一定的安装空间哦！

1.2　Mentor PADS VX2.7 的激活

（1）启动 Mentor PADS VX2.7，只有添加 Mentor 官方授权的许可文件之后，其功能才会被激活。

（2）按 Win 键，在 Window 应用搜索中搜索"Mentor Install"并单击，打开"Mentor Install"软件，如图 1-8 所示。

（3）在"Mentor Install"软件中找到"安装 - 安装许可软件"，设置安装许可路径并单击"安装"按钮，其中许可架构按照默认选项选择即可，如图 1-9 所示。

（4）根据官方提供的许可类型，添加或导入许可证即可，如图 1-10 所示。

图 1-8　Mentor Install 安装工具

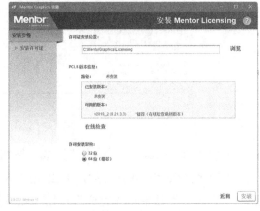

图 1-9　安装许可证

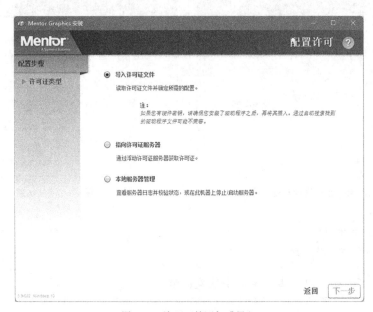

图 1-10　许可证的添加或导入

 小助手提示

　　如按以上方法操作仍无法正确安装及激活，可联系作者（微信：15616880848 或电子邮箱：zheng.zy@foxmail.com）获取技术支持，协助完成安装及激活。

1.3　Mentor PADS VX2.7 组件

　　Mentor PADS 的组件主要有三个：Logic、Layout 及 Router。Logic 是原理图的操作组件，Layout 与 Router 分别是 PCB 布局、布线组件，可互补使用，下面就三个组件做简单的介绍。

1.3.1　PADS Logic 的介绍

　　PADS Logic 是一个操作简便、功能齐全的原理图设计环境，可以提供元件库的管理、多页原理图的设计，以及物料清单、网表输出等全方位的功能。PADS Logic 与 PADS 的 PCB 设计环境紧密相连，可实现原理图与 PCB 的同步设计，使设计者高效率完成原理图设计及 PCB 设计工作。

1. 原理图及元件浏览器

　　PADS Logic 提供了项目浏览器，可以对原理图的页数及元器件、封装等设计的内容进行快速浏览与定位，从而轻松快速查看所有的设计内容，如图 1-11 所示。

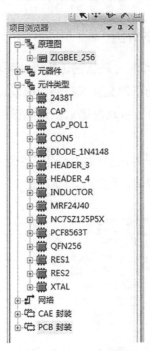

图 1-11　项目浏览器

2. 原理图编辑及选择

PADS Logic 提供良好的原理图设计环境，既为总线、元件放置、连线等功能方便调用，也为各种元素的选中提供了方便快捷的设计环境，如图 1-12 所示。

图 1-12　原理图编辑及选择工具栏

3. 原理图设计

在进行原理图设计的过程中，会用到各种功能，例如，BOM 的输出、原理图与 PCB 同步设计、设计环境的参数设置等多项功能在对应的菜单栏中都可以进行设置，如图 1-13 所示。

图 1-13　原理图设计工具栏

1.3.2　PADS Layout 的介绍

PADS Layou 是复杂的高速印制电路板的选择设计环境，支持完整的 PCB 设计流程，覆盖了从原理图导入，规则驱动下的交互式布局、布线，到最后生产文件输出，以及装配文件物料清单等文件输出的全方位功能需求，可确保工程师高效率完成设计。

1. PCB Layout 项目浏览器

PADS Layout 工作界面的项目浏览器主要用于快速查看 PCB 设计文件的层数及元器件查看、封装查看、网络查看等，如图 1-14 所示。

图 1-14　项目浏览器

2. PCB Layout 设计工具栏

用 PADS Layout 进行 PCB 设计，元件布局或者基本走线灌铜等都可以直接在对应的 PCB 设计工具栏中选择使用，包括网表导入及 Router 切换等都可以方便快捷地操作，如图 1-15 所示。

图 1-15　PCB Layout 工具栏

3. PCB Layout 设计菜单栏

PADS Layout 设计中的层定义、规则设计及常规参数设计、生产文件输出等都可以在菜单栏进行，如图 1-16 所示。

图 1-16　PCB Layout 设计菜单栏

1.3.3　PADS Router 的介绍

PADS Router 为快速交互布线编辑器，与其他布线器不同的是，PADS Router 使用了功能强大的 PADS Autorouter 算法，包括推挤功能、平滑布线、自动变线宽等。一般适用于 PCB 设计中的拓扑结构设计、阻抗连续性设计、时序匹配设计，以及差分设计等高级布线设计。

1. PADS Router 窗口

PADS Router 窗口通常放置项目浏览器，可快速查看器件、层叠、规则、匹配长度的网络组等具体情况，如图 1-17 所示。输出窗口显示主要项目文件的提示和报告等，如图 1-18 所示。电子表格主要用于 PCB 设计走线的布线长度、长度匹配，以及网络类等走线信号的查看，如图 1-19 所示。

2. Router 设计工具栏

利用 Router 设计工具栏可以快捷实现过滤元素、一般走线设计、放置过孔与虚拟过孔等功能，如图 1-20 所示。

3. Router 设计菜单栏

利用 PADS Router 设计菜单栏可实现显示电气网络设置、自动布线，以及常见参数设置等操作功能，如图 1-21 所示。

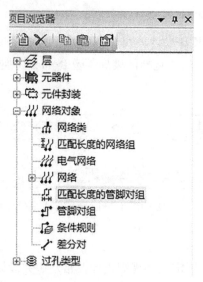

图 1-17　项目浏览器

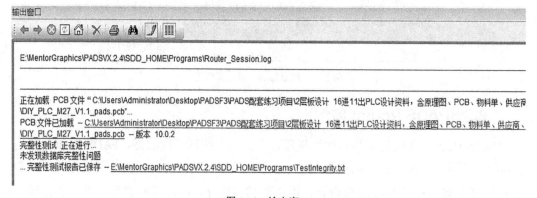

图 1-18　输出窗口

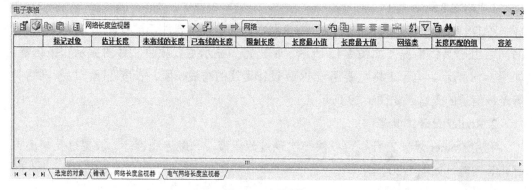

图 1-19　电子表格

图 1-20　Router 设计工具栏

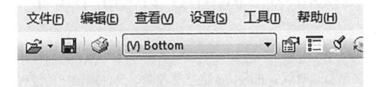

图 1-21　Router 设计菜单栏

1.4　本章小结

　　本章对 PADS 进行了基本概括，包括 PADS 的简介、安装、激活及新建原理图与交互，旨在让读者搭建设计的平台。

　　通过学习本章的内容，读者应该掌握 PADS 的安装和系统参数设置。学习过程中有不懂之处可以到本书的交流论坛——PCB 联盟网的 PADS 板块进行发帖交流。

第 2 章

OrCAD Capture 原理图设计

本章介绍使用 OrCAD Capture 17.4 进行原理图、元件库创建的过程，包括手动创建方式及利用 Excel 创建方式等。

在进行原理图设计时，首先要做的就是原理图库设计，本章介绍原理图 Part 建立的全过程，包括 OrCAD Capture 元件库编辑界面、简单分立元器件符号的创建、创建 Homogeneous 类型原理图符号、创建 Heterogeneous 类型元件、通过 Excel 表格创建元件等内容，讲解 Pin 管脚放置、Pin 管脚属性设置、元件 Part 图形绘制方法、元件 Part 建立及保存等过程。通过本章的学习，读者可对使用 OrCAD Capture 17.4 进行原理图、元件库创建流程及方法有全方位的了解。

2.1 原理图符号介绍

如图 2-1 所示，原理图符号是元件原理图的表现形式，主要由边框、管脚（包括管脚序号和管脚名称）、Value 值等组成，通过放置的管脚来建立电气连接关系。原理图符号中的管脚序号是和电子元器件实物的管脚一一对应的。在创建元件的时候，图形不一定和实物完全一样，但是管脚序号和名称一定要严格按照元件规格书的说明一一对应。

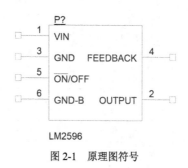

图 2-1 原理图符号

2.2 元件库编辑界面

1. 元件库编辑器界面简介

元件库设计是电子设计中最开始的模型创建，通过元件库编辑器画线、放置管脚、调整矩形框等编辑操作创建需要的电子元件模型。如图 2-2 所示为元件库编辑器界面。

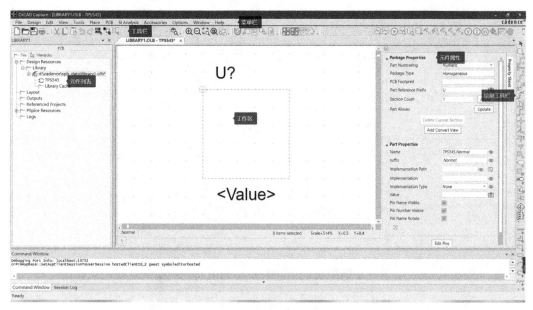

图 2-2　元件库编辑器界面

2. 菜单栏

File（文件）：用于实现文件的新建、打开、保存等操作。

Design（设计）：用于新增原理图、元件等，以及移除、更新等操作。

Edit（编辑）：用于实现编辑操作，包括撤消、取消、复制及粘贴等。

View（查看）：用于实现视图操作，包括窗口的放大、缩小，工具栏的打开、关闭及网格的设置、显示等操作。

Place（放置）：用于放置电气导线及非电气对象。

SI Analysis（仿真）：用于电路 SI 仿真设计。

Options（参数）：用于对各参数选项的设置。

Window（窗口）：改变窗口的显示方式，可以切换窗口的双屏或多屏显示。

Help（帮助）：查看 OrCAD Capture 的功能、快捷键等。

3. 工具栏

工具栏是菜单栏的延伸显示，对操作频繁的命令提供快捷按钮显示的方式。

4. 绘制工具栏

通过绘制工具栏，可以方便地放置常见的 IEEE 符号、线、圆圈、矩形等绘图元素，如图 2-3 所示。

Draw Electrical：用来放置管脚等。

Draw Graphical：用来绘制外形框，如方形框、多边形等。

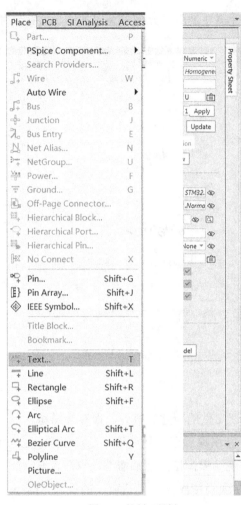

图 2-3　绘制工具栏

5. 工作面板

元件列表：用于符号的新建、编辑、重命名、复制、剪切等操作。

工作区：用于元件的编辑、绘制符号的外形及管脚等。

元件属性：用于编辑元件属性，可以设置元件符号的命名、管脚名、管脚号等。

2.3　简单分立元器件符号的创建

1. 原理库的创建及元器件符号的新建

比较简单的、管脚数比较少的元器件一般会使用简单分立元器件方式创建原理图，图 2-4 就是简单分立元器件符号，电阻、电容、二极管、三极管、放大器等都可以归类为简单分立元器件。

图 2-4　简单分立元器件符号

创建简单分立元器件符号，首先要建立一个元件库。

（1）执行菜单命令【File】→【New】→【Library】新建原理图元件库，如图 2-5 所示。

（2）在图 2-6 中右击 .olb 文件，在快捷菜单中选择 "New Part" 功能。

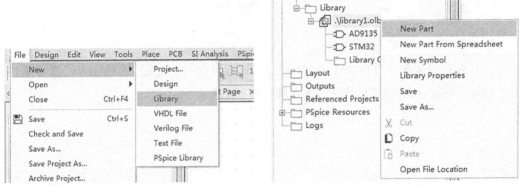

图 2-5　新建原理图元件库　　　　　　　　　　　图 2-6　新建元件

（3）弹出如图 2-7 所示 "New Part Properties" 对话框，填入相关参数。

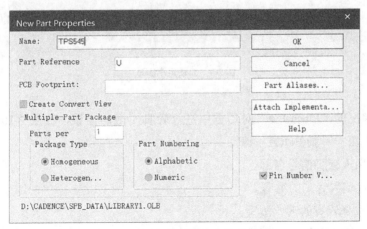

图 2-7　"New Part Properties" 对话框

以一个简单分立元器件 "TPS545" 为例：

Name 栏中输入 "TPS545"，表示元器件型号。

Part Reference 栏默认为"U"，表示新建的元器件位号以 U 开头，如 U1、U2、U3 等。
PCB Footprint 栏中输入 PCB 封装名称。

（4）在完成"New Part Properties"对话框的设置之后，工作区会自动生成一个 U?
与虚线框，如图 2-8 所示。

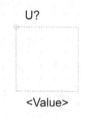

图 2-8　空白元件界面

2. 单个管脚的放置

（1）执行菜单命令【Place】→【Pin…】，或者直接按组合键"Shift+G"，或者单击
右边绘制工具栏中的 图标放置元件管脚，如图 2-9 所示。

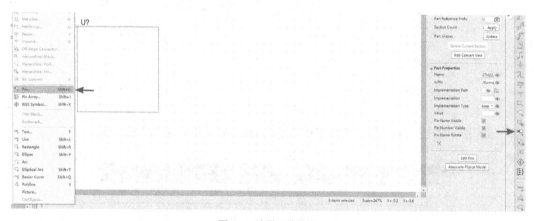

图 2-9　放置元件管脚

（2）在弹出的"Place Pin"对话框中进行管脚属性的设置，如图 2-10 所示，这里
以"TPS545"第一管脚 BOOT 为例。

Name 栏填入管脚信号名称。

Number 栏填入管脚的编号。

Shape 栏选择管脚的形状类型。

Type 为管脚信号输入 / 输出属性的设置。

Width 设置管脚的显示宽度。

（3）完成元件管脚的设置之后，拖动鼠标将元件放置到合适位置即可，如图 2-11
所示。

图 2-10　"Place Pin"对话框

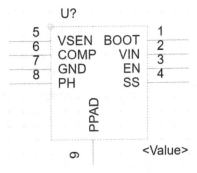

图 2-11　元件管脚位置摆放

3. 元件管脚的阵列摆放及设置

（1）遇到管脚多且有规律排序的情况时，Capture 有管脚阵列的功能，能快速摆放一排管脚。执行菜单命令【Place】→【Pin Array】，或者单击绘制工具栏中的 图标，或者直接按组合键"Shift+J"，如图 2-12 所示。

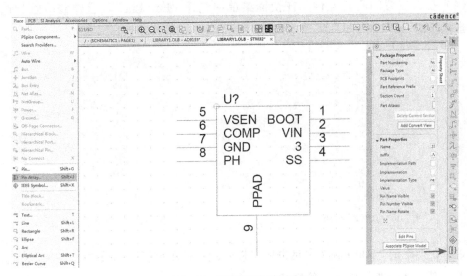

图 2-12　管脚阵列摆放图示

（2）执行上述操作之后会弹出如图 2-13 所示的"Place Pin Array"对话框。

Starting Name 栏中输入第一个管脚的管脚名称，如"Q1"。

Starting Number 栏中输入第一个管脚的管脚号。

Number of Pins 栏中数据代表即将放置的管脚总数。

图 2-13 "Place Pin Array" 对话框

Pin Spacing 栏中数据代表两个管脚间的距离。

Pin# Increment for Next Pin 栏中数据代表递增数量。

（3）根据需求设置完 "Place Pin Array" 对话框之后，单击 "OK" 按钮，管脚陈列效果如图 2-14 所示。

（4）右击放置的所有元件，在快捷菜单中选择 "Edit Pins"，整体修改管脚选项，或者直接按组合键 "Shift+H"，如图 2-15 所示。

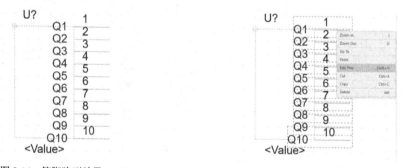

图 2-14 管脚阵列效果   图 2-15 整体修改管脚选项

（5）在弹出的 "Edit Pins" 对话框中可以一次修改多个管脚的属性，如图 2-16 所示。

4. 元件的实形框绘制及文件的保存

（1）元件中间的虚线框可以随意调节，它指示元件体的大小，单击虚线框，四个角会出现紫色原点，按住拖动即可调节大小，如图 2-17 所示。

（2）元件虚线框代表元件的大小，放置到原理图中是没有外形框的，需要手动绘制外形框。执行菜单命令【Place】→【Rectangle】，或者按组合键 "Shift+R"，或者单击相应图标绘制其形状即可，如图 2-18 所示。元件封装完成后如图 2-19 所示。

Pin Number ✓	Pin Group ✓	Pin Ignore ✓	Order ✓	Pin Type ✓	Pin Shape ✓			
Normal View: Pin Name	Section: Pin Num...	Section: Pin Ignore	Order	Pin Group	Normal View: Pin Shape	Normal View: Pin Type	Normal View: Pin Visible	
Q1	1	No	0		Line	Passive	Yes	
Q2	2	No	1		Line	Passive	Yes	
Q3	3	No	2		Line	Passive	Yes	
Q4	4	No	3		Line	Passive	Yes	
Q5	5	No	4		Line	Passive	Yes	
Q6	6	No	5		Line	Passive	Yes	
Q7	7	No	6		Line	Passive	Yes	
Q8	8	No	7		Line	Passive	Yes	
Q9	9	No	8		Line	Passive	Yes	
Q10	10	No	9		Line	Passive	Yes	

图 2-16　"Edit Pins"对话框

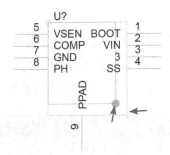

图 2-17　调节元件大小

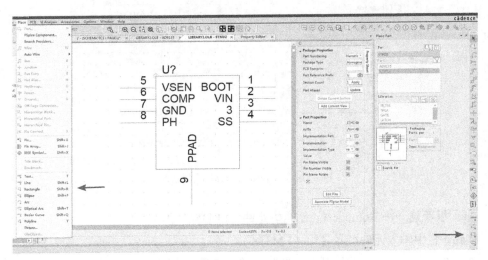

图 2-18　绘制外形框

（3）放置完管脚，绘制完外形框等之后，退出之前可以直接按组合键"Ctrl+S"保存，也可以右击窗口，在快捷菜单中选择"Save"选项，如图 2-20 所示。

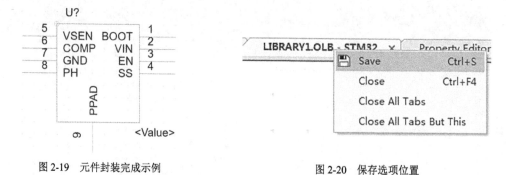

图 2-19　元件封装完成示例

图 2-20　保存选项位置

2.4　创建 Homogeneous 类型原理图符号

Homogeneous 类型元件由多个相同部分组成，多数用于集成器件，由多个分立元器件集成在一起，在创建的时候，只需要做其中一部分，其他部分全部与之一致，方便快捷。

（1）同简单分立元器件的创建一样，首先执行菜单命令【File】→【New】→【Library】新建原理图元件库，右击 .olb 文件，在快捷菜单中选择"New Part"，新建一个元件。在弹出的"New Part Properties"对话框中修改相应的参数，如图 2-21 所示。

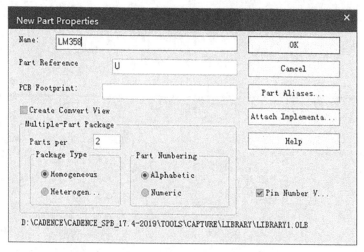

图 2-21　"New Part Properties"对话框

下面以新建一个 Homogeneous 类型元件"LM358"为例。

Name 栏中输入元件型号名称"LM358"。

Part Reference Prefix 栏默认为"U"，表示新建的元件器件位号以 U 开头。

Package Type 部分可选择新建的符号类型。

Part Numbering 部分表示管脚编号以英文或阿拉伯数字排号。

Parts per 栏中输入 2，表示有 2 个相同的部分。

（2）新建的元件如图 2-22 所示，可以看到下面箭头指示处展示 A、B 两部分，可以直接选择 A 或 B 进行切换，也可以执行菜单命令【View】→【Next Part】，用组合键"Ctrl+N"切换到下一部分；执行菜单命令【View】→【Previous Part】，用组合键"Ctrl+P"切换到上一部分。只需要做其中一个部分，其他部分就与之一致。

（3）进行管脚放置、外形框绘制等，完成效果图如图 2-23 所示。

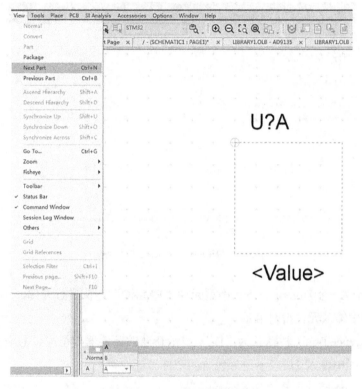

图 2-22　元件部分切换

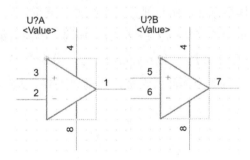

图 2-23　完成效果图

2.5 创建 Heterogeneous 类型元件

Heterogeneous 类型元件由多个部分组成，但是每部分的组成不一样，多数用于比较复杂的 IC 类型器件，如 FPGA 等，对 IC 属性进行分块设计，以方便后期原理图的设计，在创建的时候，每部分都需要单独创建。

（1）同简单分立元器件的创建一样，首先执行菜单命令【File】→【New】→【Library】新建原理图元件库，右击 .olb 文件，在快捷菜单中选择"New Part"，新建一个元件。在弹出的"New Part Properties"对话框中修改参数，如图 2-24 所示。

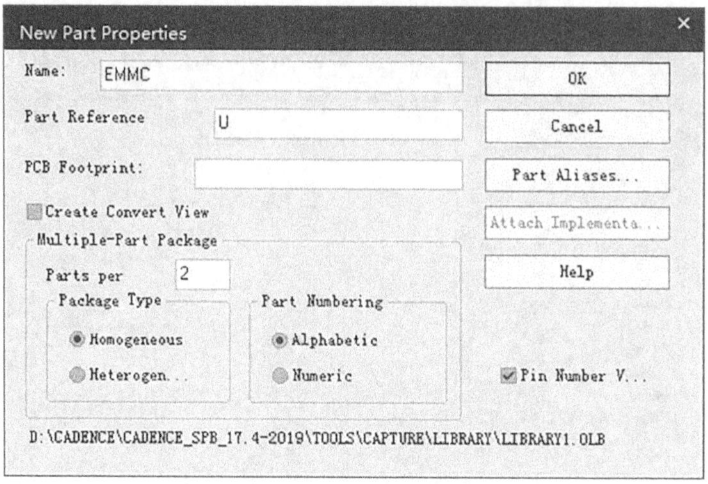

图 2-24 "New Part Properties"对话框

下面以新建一个 Homogeneous 类型元件"EMMC"为例进行介绍。

Name 栏中输入元件型号名称。

Part Reference Prefix 栏默认为"U"，表示新建的元件器件位号以 U 开头。

Parts per 栏中输入 2，表示符号包含两个部分。

Package Type 部分选择"Heterogen..."。

Part Numbering 部分表示编号以英文或阿拉伯数字排号。

（2）新建的元件同样展示 A、B 两部分，切换方法同前，可以直接选择 A 或 B 进行切换，也可以执行菜单命令【View】→【Next Part】，用组合键"Ctrl+N"切换到下一部分；执行菜单命令【View】→【Previous Part】，用组合键"Ctrl+P"切换到上一部分。与之前不同的是，两部分都需要设置，两部分不再一致，完成效果图如图 2-25 所示。

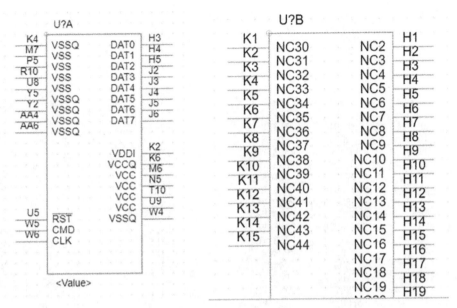

图 2-25　完成效果图

2.6　通过 Excel 表格创建元件

遇到管脚数量特别多的芯片时，此前创建元件的方法费时费力，也容易出现错误，可以通过 Capture 导入 Excel 表格的方式来创建元件。

（1）如图 2-26 所示，右击 .olb 文件，在快捷菜单中选择"New Part From Spreadsheet"。

（2）在弹出的"New Part From Spreadsheet"对话框中直接粘贴芯片管脚 Excel 表格，如图 2-27 所示。可以上网搜索下载，或者读取器件 Datasheet 内容，手工创建。

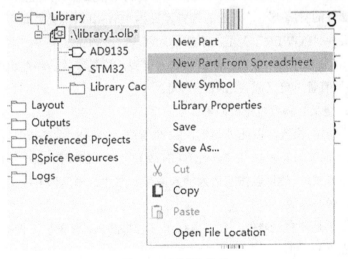

图 2-26　表格导入选项

Number	Name	Type	Pin Visable	Shape	Pin Group	Position	Section
1	PVDD12	POWER		LINE		left	A
2	CLK+	PASSIVE		LINE		left	A
3	CLK -	PASSIVE		LINE		left	A
4	PVDD12	POWER		LINE		left	A
5	SYSREF+	PASSIVE		LINE		left	A
6	SYSREF -	PASSIVE		LINE		left	A
7	PVDD12	POWER		LINE		left	A
8	PVDD12	POWER		LINE		left	A
9	PVDD12	POWER		LINE		bottom	A
10	PVDD12	POWER		LINE		bottom	A
11	TXEN0	PASSIVE		LINE		bottom	A
12	TXEN1	PASSIVE		LINE		bottom	A
13	DVDD12	POWER		LINE		bottom	A
14	DVDD12	POWER		LINE		bottom	A
15	SERDIN0+	PASSIVE		LINE		bottom	A
16	SERDIN0 -	PASSIVE		LINE		bottom	A
24	SYNCOUT0 -	PASSIVE		LINE		right	A
23	SYNCOUT0+	PASSIVE		LINE		right	A
22	SVDD12	POWER		LINE		right	A
21	VTT	POWER		LINE		right	A
20	SVDD12	POWER		LINE		right	A
19	SERDIN1-	PASSIVE		LINE		right	A
18	SERDIN1+	PASSIVE		LINE		right	A
17	SVDD12	POWER		LINE		right	A
32	SVDD12	POWER		LINE		top	A
31	SVDD12	POWER		LINE		top	A
30	SERDIN3 -	PASSIVE		LINE		top	A
29	SERDIN3+	PASSIVE		LINE		top	A
28	SVDD12	POWER		LINE		top	A
27	SERDIN2 -	PASSIVE		LINE		top	A
26	SERDIN2+	PASSIVE		LINE		top	A
25	VTT	POWER		LINE		top	A

图 2-27　管脚 Excel 表格

Number：元器件的管脚号。

Name：元器件的管脚名称，从 Datasheet 中复制、粘贴即可，注意与管脚号对应。

Type：元器件的管脚类型，一般的管脚定义为"PASSIVE"类型即可。要注意的是，电源管脚要定义为"POWER"类型，不然导入网表时会报错。

Pin Visable：空着即可，在 Orcad 中勾选为可视，这是在软件中编辑的。

Shape：将所有管脚定义成"LINE"即可。

Pin Group：定义管脚组，空闲即可。

Position：管脚的位置，以此处为例，32 个管脚，1～8 为"left"（左边），9～16 为"bottom"（下面），17～24 为"right"（右边），25～32 为"top"（上面），整个管脚用逆时针排序方式。一般可以按左边为输入信号、右边为输出信号、上面为电源信号、下面为地信号的顺序摆放。

Section：如果是分立元器件，则可自行定义管脚的 A、B 部分，此处器件为一个整体，全部定义成"A"即可。

图 2-28 是管脚排序后的效果。

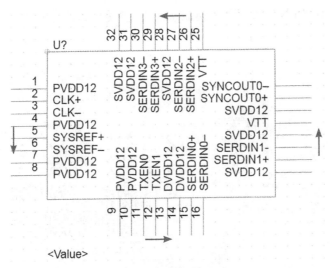

图 2-28　管脚排序后的效果

（3）将表格中定义好的数据复制后直接粘贴到"New Part Creation Spreadsheet"对话框中，在"Part Name"中输入元件型号名称，如图 2-29 所示，输入"STM32"。"Part Reference"栏输入元器件的位号，由于是 IC 芯片，此处定义为"U"。

	Number	Name	Type	Pin Visibility	Shape	PinGroup	Position	Section
1	1	PVDD12	Power	☐	Line		Left	A
2	2	CLK+	Passive	☑	Line		Left	A
3	3	CLK–	Passive	☑	Line		Left	A
4	4	PVDD12	Power	☐	Line		Left	A
5	5	SYSREF+	Passive	☑	Line		Left	A
6	6	SYSREF–	Passive	☑	Line		Left	A
7	7	PVDD12	Power	☐	Line		Left	A
8	8	PVDD12	Power	☐	Line		Left	A
9	9	PVDD12	Power	☐	Line		Bottom	A
10	10	PVDD12	Power	☐	Line		Bottom	A
11	11	TXEN0	Passive	☑	Line		Bottom	A
12	12	TXEN1	Passive	☑	Line		Bottom	A
13	13	DVDD12	Power	☐	Line		Bottom	A
14	14	DVDD12	Power	☐	Line		Bottom	A
15	15	SERDIN0+	Passive	☑	Line		Bottom	A
16	16	SERDIN0–	Passive	☑	Line		Bottom	A
17	24	SYNCOUT0–	Passive	☑	Line		Right	A
18	23	SYNCOUT0+	Passive	☑	Line		Right	A
19	22	SVDD12	Power	☐	Line		Right	A
20	21	VTT	Power	☐	Line		Right	A
21	20	SVDD12	Power	☐	Line		Right	A
22	19	SERDIN1–	Passive	☑	Line		Right	A

New Part Creation Spreadsheet

Part Name: STM32　No. of Sections: 1　Part Ref Prefix: U　Part Numbering: ○ Numeric ● Alphabetic

Add Pins...　Delete Pins　Save　Cancel　Help

图 2-29　"New Part Creation Spreadsheet"对话框

（4）完成的元件如图 2-30 所示，再调整一下元件的外形框及管脚的位置（见图 2-31）即完成创建。

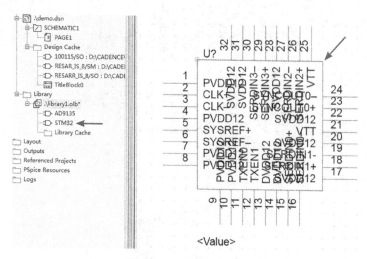

图 2-30 元件外形框调整前

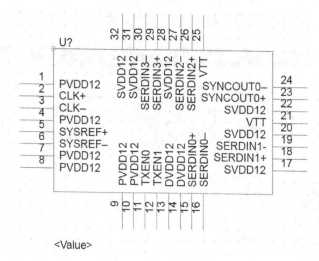

图 2-31 元件外形框调整后

第 3 章

利用 OrCAD 进行原理图设计

本章介绍使用 OrCAD Capture 17.4 进行原理图设计，包括原理图放置元件、信号连通、生成 BOM、生成网表等操作，帮助初学者快速掌握 OrCAD。原理图是表示电路板上各元器件之间连接原理的图表。本章从原理图编辑界面、原理图设计准备开始，逐步讲解原理图设计的整个过程。

建立原理图元件后，需要将元件放置到原理图工程页面中并进行信号连通。首先需新建一个原理图工程，建立合适的原理图页面。建立工程后，修改一些默认的软件设置选项，可让设计过程更符合工程师的设计喜好。设置完成后，在原理图合适页面放置元件，通过旋转、移动等功能，让元件处于原理图中的位置方便信号连通；元件放置完成后，对原理图元件管脚进行信号连通，连通的方式包括单个元件端点与端点的连通、多管脚通过 BUS 方式连通等，部分管脚是电源管脚，可通过放置电源与地符号并连通到管脚。部分电路在一页内处理不完，可设计在不同页内，并通过页面连接符号进行导通。信号连通后，可对元件的封装库名、Value 值进行编辑。原理图设计完成后，可用软件对其进行检查，并可导出网表、器件 BOM 等内容，以方便后期导入 PCB 及物料采购。

3.1 原理图编辑界面介绍

1. 打开 OrCAD 软件及创建原理图工程

（1）打开计算机的所有程序界面，找到"Cadence PCB 17.4-2019"文件夹目录，并打开此目录下的"Capture CIS 17.4"工具，如图 3-1 所示。在"17.4 Capture CIS Product Choices"对话框中选择"OrCAD Capture"，推荐勾选"Use as de..."，下次就会默认按此次选项打开，如图 3-2 所示。

（2）进入 OrCAD 17.4 初始界面，如图 3-3 所示。

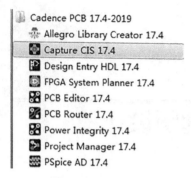

图 3-1　OrCAD 位置

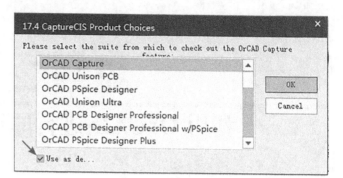

图 3-2　OrCAD 选择对话框

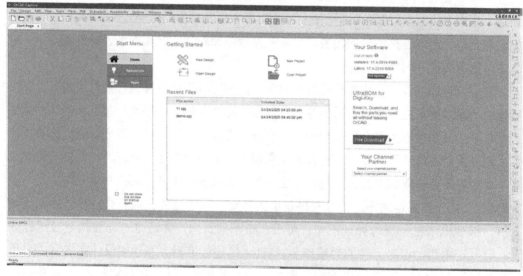

图 3-3　OrCAD 17.4 初始界面

（3）执行菜单命令【File】→【New】→【Project...】，新建工程，如图 3-4 所示。

（4）在图 3-5 所示对话框的 Name 栏中输入新建工程名称，这里以"DEMO"为例。

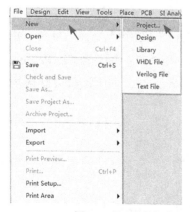

图 3-4　新建工程位置界面

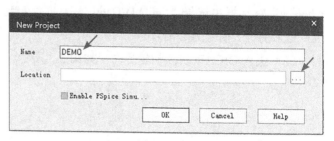

图 3-5　输入新建工程名称

（5）单击"Location"栏右侧的按钮□指定工程的路径，如"D:\Cadence\Home"，选择文件夹如图 3-6 所示。

（6）单击"OK"按钮完成新建工程，如图 3-7 所示。

图 3-6　选择文件类

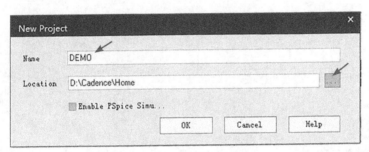

图 3-7　完成新建工程

（7）新建"DEMO"工程完成界面如图 3-8 所示，\demo.dsn 为工程总目录，PAGE1 为自动添加的原理图页。

2. OrCAD 软件常用菜单栏讲解及偏好设置介绍

原理图编辑界面主要包含菜单栏、工具栏，绘制工具栏，面板栏、编辑工作区等。

菜单栏各菜单介绍如图 3-9 ～图 3-16 所示。

File（文件）：用于完成各种文件的新建、打开、保存等操作。

Edit（编辑）：用于完成各种编辑操作，包括撤销、取消、复制及粘贴。

View（查看）：用于视图操作，包括窗口的放大、缩小，工具栏的打开、关闭及网格的设置、显示。

Options（参数）：主要用于对各参数的设置。

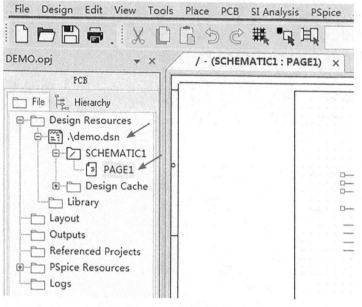

图 3-8　工程完成界面

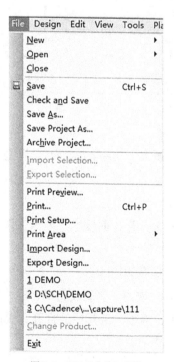

图 3-9　File（文件）菜单

图 3-10　Edit（编辑）菜单

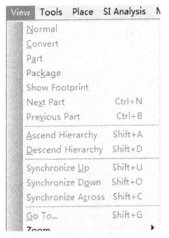

图 3-11 View（查看）菜单

图 3-12 Options（参数）菜单

Place（放置）：用于放置电气导线及非电气对象。

Design（设计）：用于新增原理图、移除、更新等操作。

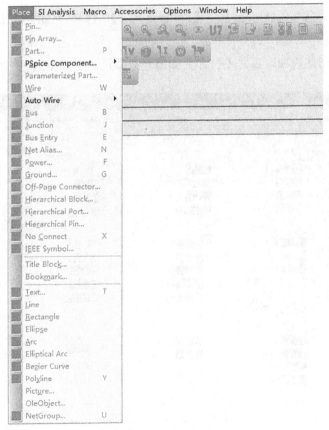

图 3-13 Place（放置）菜单

SI Analysis（仿真）：用于 SI 仿真。

Window（窗口）：用于改变窗口的显示方式，可以切换窗口的双屏或多屏显示、关闭工程文件、打开最近的文件等。

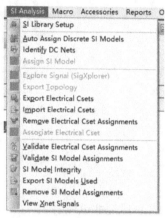

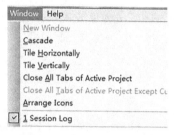

图 3-14　Design（设计）菜单　　图 3-15　SI Analysis（仿真）菜单　　图 3-16　Window（窗口）菜单

3. Preferences 喜好设置与交互设计设置

（1）执行菜单命令【Options】→【Preferences...】，选择"Colors/Print"选项卡进行颜色的设置，如果非必需，则一般单击"Use Default"（默认）按钮即可。如图 3-17 所示，勾选即为选择打印此选项，反之不打印。如需修改颜色，则单击颜色框修改即可。

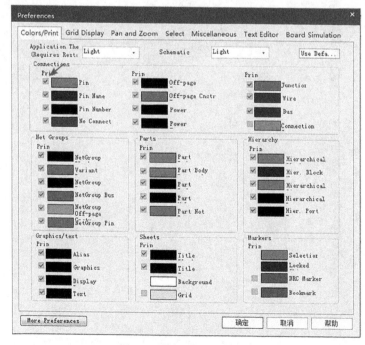

图 3-17　颜色 / 打印设置面板

（2）"Grid Display"选项卡：格点设置面板如图 3-18 所示。

Schematic Page Grid：为原理图设置格点。

Part and Symblol Grid：封装设置格点。

Visible：勾选"Displayed"为可视，反之为不可视。

Grid Style：格点风格分为"Dots"（点状）、"Lines"（线状）。推荐在设计时选择线状，以便设计时能非常清楚地看出元件及封装是否在同一水平线上。

Grid spacing：格点间距，原理图与封装是统一的，基本上选择一对一。

Pointer snap to grid：勾选可自动抓取格点。

图 3-18　格点设置面板

（3）Pan and Zoom：进行放大或缩小。

（4）Select：选中界面都是默认即可。

（5）Miscellaneous：用得较多的是"Auto Reference"，勾选第一个"Automatically reference placed"表示在放置元器件时，复制元器件的时候会自动增加位号。若不想自动增加位号，则单击"Preserve reference on copy"保持当前位号即可。Intertool Communication：勾选该项则表示能与 Allegro 软件进行交互式操作。

（6）Text Editor：位号编辑界面。

（7）Board Simulation：用来选择对 PCB 设计进行模拟仿真的工具，可以选择用 VeriLog 或 VHDL。

4. Design Template 常用设置

（1）执行菜单命令【Options】→【Design Template】，进入设计模板设置面板，"Fonts"选项卡如图 3-19 示。

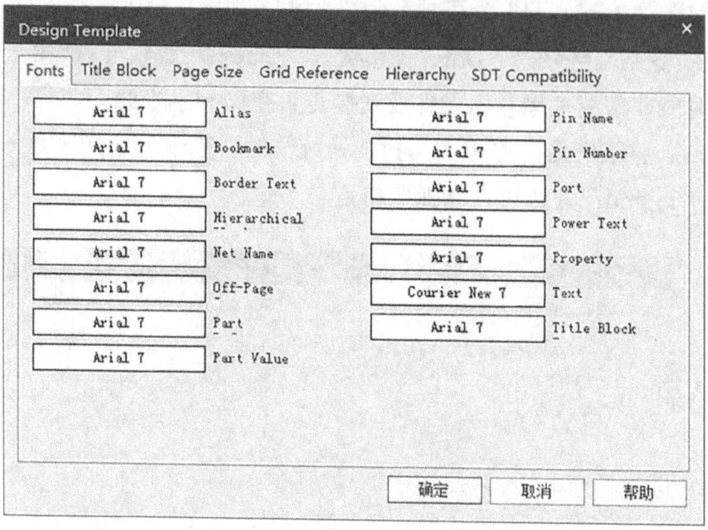

图 3-19　设计模板设置面板

Fonts：默认模板字体更改。

Alias：网络号。

Bookmark：书签。

Border Text：边框文本。

Hierarchical：等级。

Net Name：网络名。

Off-Page：跨页。

Part：元件。

Part Value：元件值。

Pin Name：管脚名。

Pin Number：管脚号。

Port：端口。

Power Text：电源文本。

Property：属性。

Text：文本。

Title Block：边框。

（2）"Title Block"选项卡：原理图右下角的标题栏设置，可根据要求进行自定义或修改，如图 3-20 所示。

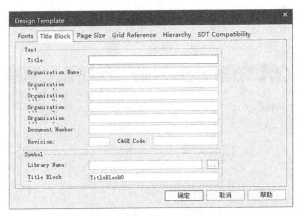

图 3-20　"Title Block"选项卡

（3）"Page Size"选项卡：页面大小设置，一般可按默认的大小进行设置，如图 3-21所示。

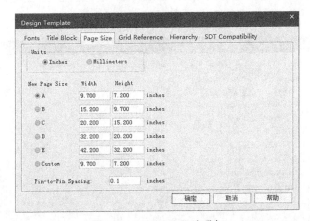

图 3-21　"Page Size"选项卡

（4）"Grid Reference"选项卡：格点设置模板，默认即可，如图 3-22 所示。

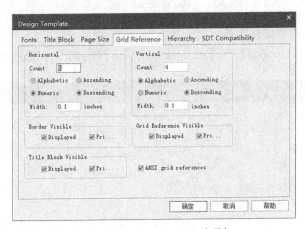

图 3-22　"Grid Reference"选项卡

（5）"Hierarchy"及"SDT Compatibility"选项卡都按默认选项设置即可，如图 3-23、图 3-24 所示。

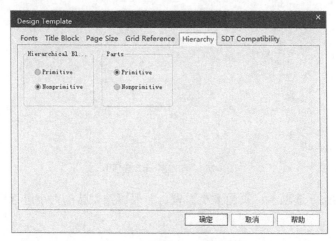

图 3-23 "Hierarchy"选项卡

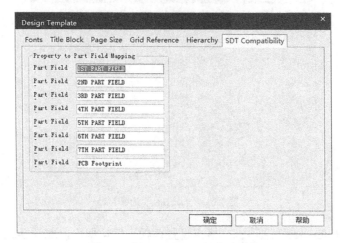

图 3-24 "SDT Compatibility"选项卡

5. Autobackup 自动保存设置

执行菜单命令【Options】→【Autobackup...】，弹出如图 3-25 所示对话框。

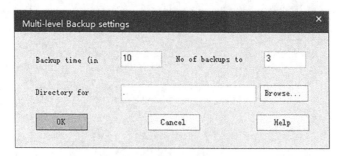

图 3-25 Autobackup 设置对话框

Backup time：自动备份时间一般默认为 10 分钟。

No of backups to：自动备份保存数。

Directory for：自动备份保存路径。切记要设置保存的文件夹之后才能使用，否则无法找到自动备份的文件。

3.2　元件的放置

元件库创建好之后，需要把创建好的元件放置到原理图中，正式开始电路设计。

1. 添加元件库

（1）执行菜单命令【Place】→【Part...】，如图 3-26 所示，或者在键盘上按 "P" 键可放置元件。

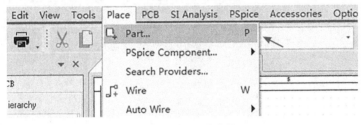

图 3-26　放置元件菜单

（2）执行放置元件操作之后，会弹出如图 3-27 所示对话框，单击黑色箭头指示的 图标，可添加指定位置的已有元件库，也可以按组合键 "Alt+A" 快速添加。

（3）也可以通过 "Search for" 来搜索库，如图 3-28 所示，单击 "+" 图标打开搜索框，接着在 "Search" 框中输入关键词，然后单击右边图标 开始搜索，在 "Library" 栏中选择所搜索到的内容，再单击 "Add" 按钮添加库。

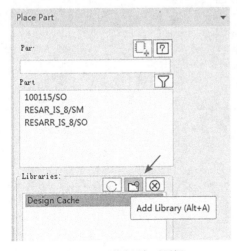

图 3-27　元件库添加对话框

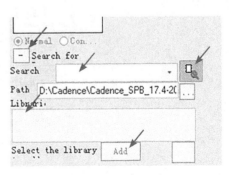

图 3-28　库搜索对话框

此处以默认库"D:\Cadence\Cadence_SPB_17.4-2019\tools\capture\library"为例，如图 3-29 所示，完成界面如图 3-30 所示。

图 3-29　添加库示例

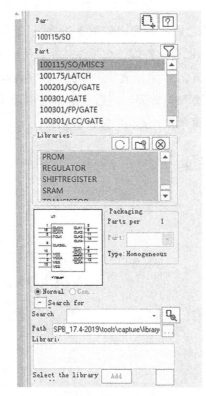

图 3-30　完成添加库

2. 选择与放置功能介绍

（1）执行菜单命令【Place】→【Part】，在"Libraries"对话框中单击选择的库，如图 3-31 所示。

（2）在"Part"对话框中选择需要放置的元件，如图 3-32 所示。

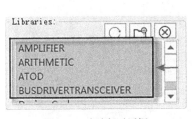

图 3-31　库选择对话框

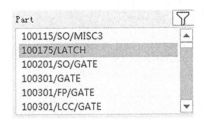

图 3-32　元件选择对话框

（3）在"Part"框中搜索关键词能快速定位到元件，如图 3-33 所示。

（4）可以通过预览图快速检查选择的元件是不是需要的，如图 3-34 所示。

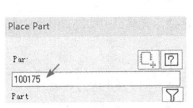

图 3-33　元件快速定位对话框

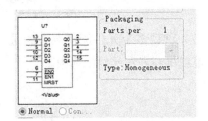

图 3-34　元件预览图对话框

（5）选择好元件之后，可双击元件进行摆放，也可选中元件后单击 📷 图标放置。在原理图中空白处单击完成放置，并按"ESC"键结束放置。还可以右击元件在快捷菜单中选择"End Mode"结束放置，如图 3-35、图 3-36 所示。

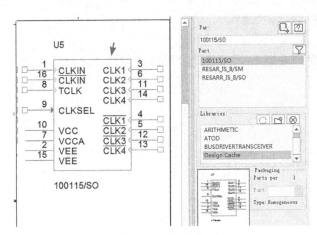

图 3-35　元件放置

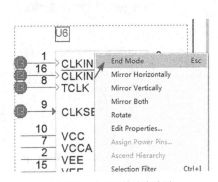

图 3-36　右击元件结束放置

3. 移动与旋转功能介绍

在设计原理图的过程中，经常需要对元件进行移动或旋转操作，以调整元件的位置，使元件能整齐摆放并且保持连线简洁美观。

（1）移动单个元件，可直接将鼠标放置在元件上方，按住直接拖动即可，拖动中的状态如图 3-37 所示。

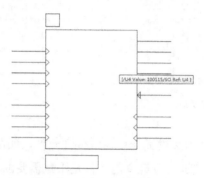

图 3-37　元件拖动中的状态

（2）移动多个元件，需要首先选中要移动的元件，元件选中状态如图 3-38 所示，显示虚线框即表示元件已选中。

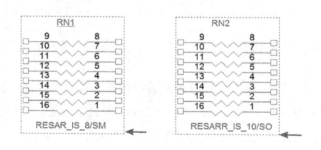

图 3-38　元件选中状态

（3）当光标移到元件主体时会变为 ✛ 状态，代表此时可以按住元件进行移动了，如图 3-39 所示。

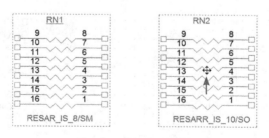

图 3-39　元件可移动状态

（4）移动元件时，经常会出现元件没摆放到合适的位置，通过移动操作也不能使两个元件对齐，此时可以使用对齐命令（如图 3-40 所示）进行元件的对齐操作。执行菜单命令【Edit】→【Align】→【Align Top】，可实现元件的顶端对齐，如图 3-41 所示。

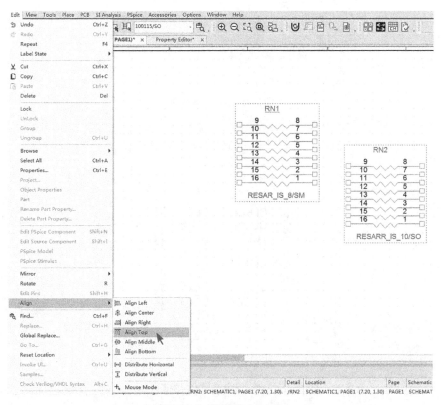

图 3-40　元件顶端对齐命令

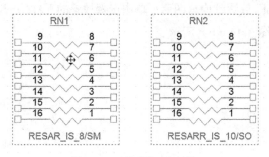

图 3-41　元件顶端对齐效果

（5）设计原理图时，有时需要旋转元件（如电阻、电容等），以方便连线或保证设计美观。首先单击元件，之后按"R"键即可旋转元件，也可执行菜单命令【Edit】→【Rotate】来旋转元件，如图 3-42 所示。旋转完元件之后重新连线，完成效果如图 3-43 所示。

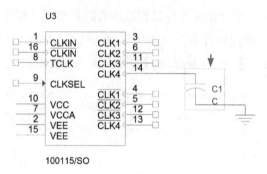

图 3-42　元件旋转命令

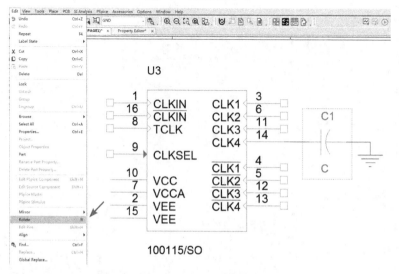

图 3-43　元件完成旋转效果

4. 复制与粘贴功能介绍

（1）元件 "Symbol" 放置到原理图后，单击选择放置的元件。未选择元件如图 3-44（a）所示，选择成功后如图 3-44（b）所示。

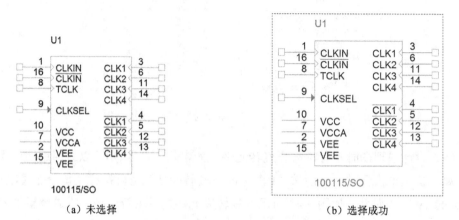

（a）未选择　　　　　　　　　　　　　（b）选择成功

图 3-44　元件未选择与选择成功示意图

（2）选中元件后，按组合键"Ctrl+C"进行复制，或者右击元件，在快捷菜单中选择"Copy"实现复制，如图 3-45 所示。

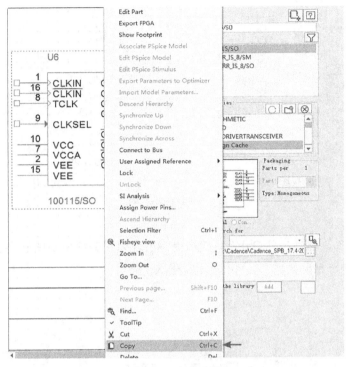

图 3-45　复制元件

（3）复制完成后，在原理图空白处按组合键"Ctrl+V"，或者右击元件，在快捷菜单中选择"Paste"，如图 3-46 所示，元件会出现如图 3-47 所示图形。在原理图中选择合适的位置单击即可放置粘贴的内容。

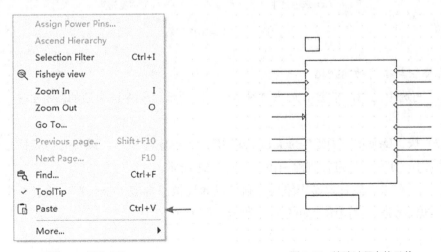

图 3-46　粘贴元件　　　　　　　　　　　图 3-47　粘贴过程中的元件

（4）粘贴完成后，效果如图 3-48 所示，元件位号会自动增加。

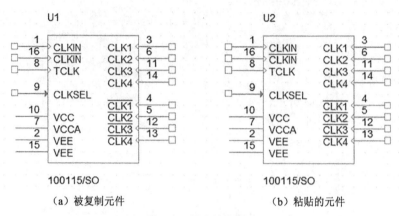

（a）被复制元件　　　　　　　　　　（b）粘贴的元件

图 3-48　粘贴完成效果

（5）选中元件，然后按住 Ctrl 键直接拖曳，出现如图 3-49 所示图形，松开鼠标左键，可快速完成复制、粘贴操作，元件位号也会自动增加。

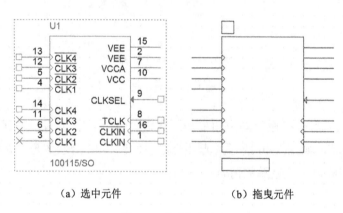

（a）选中元件　　　　　　　　　　（b）拖曳元件

图 3-49　快速拖曳效果

5. 删除与撤消功能介绍

（1）先选中元件，未选中元件如图 3-50（a）所示，元件选中后的图形如图 3-50（b）所示。

（2）按"Delete"键或"Back Space"键可进行删除操作，或者右击元件，在快捷菜单中选择"Delete"进行删除操作，如图 3-51 所示。

（3）若删除之后发现操作错误，则可以通过按组合键"Ctrl+Z"，或者单击菜单栏中的 ↺ 图标撤消删除操作，如图 3-52 所示。

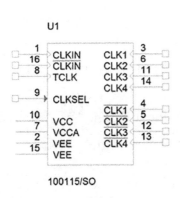

（a）未选中

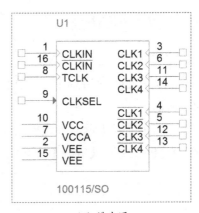

（b）选中后

图 3-50 元件选择

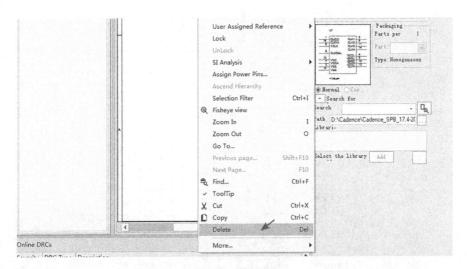

图 3-51 删除命令

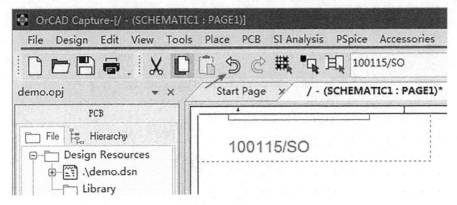

图 3-52 撤消图标

3.3 电气连接的放置

1. 电气信号连接操作介绍

（1）元件之间通常需要连接电气属性，即将管脚与管脚的电气信号连通，如图 3-53 所示。

（2）如图 3-54 所示，未连接元件摆放到原理图中，可通过按"W"键，也可执行菜单命令【Place】→【Wire】来完成电气信号连线，如图 3-55 所示。

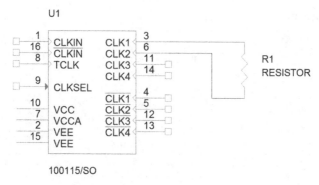

图 3-53　元件连接

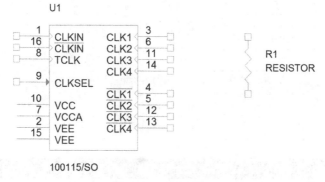

图 3-54　元件未连接

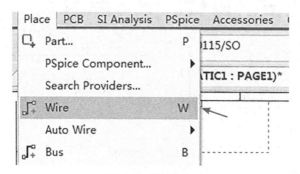

图 3-55　连接命令

（3）此时光标连接如图 3-56 所示，已变成小十字图标，即可进行连接。

（4）按 ESC 键，或者右击元件，在快捷菜单中选择"End Wire"，结束连接操作，如图 3-57 所示。

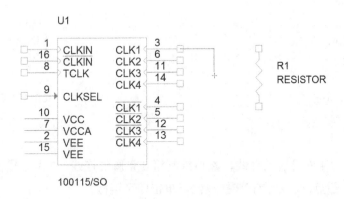

图 3-56　光标连接的变化

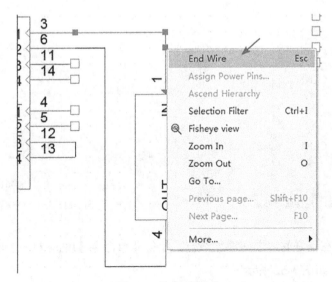

图 3-57　结束连接命令

2. 节点的放置及处理说明

（1）连线与连线通常有路径交叉，连通的位置有节点生成，如图 3-58 所示。

（2）如果连线只交叉不连通，则不会出现节点，如图 3-59 所示。

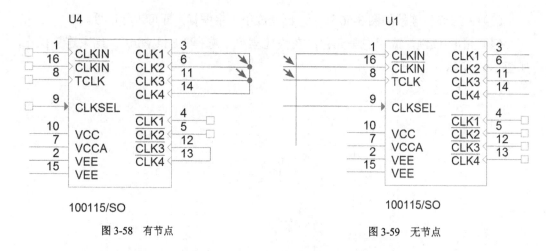

图 3-58 有节点   图 3-59 无节点

（3）先绘制第 6 管脚的连线，然后绘制第 3 管脚的连线，2 条连线交汇时会出现如图 3-60 所示的圆点，表示会有连接属性，单击即可连接。

（4）连线时，若信号线不接触连线的端口位置，则不会出现节点，如图 3-61 所示。

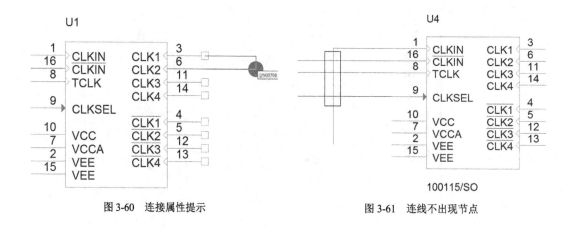

图 3-60 连接属性提示   图 3-61 连线不出现节点

（5）如果想在连好的线之间添加节点，执行菜单命令【Place】→【Junction】，或者按"J"键即可，如图 3-62 所示。

3. 网络标号的放置

当原理图中的连线很长时，通常会放置网络标号（见图 3-63 中的 net1），以简化连接，代表是同一连线。

（1）可按"N"键放置网络标号，或者执行菜单命令【Place】→【Net Alias..】放置网络标号，如图 3-64 所示。

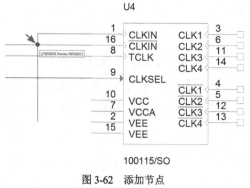

图 3-62 添加节点

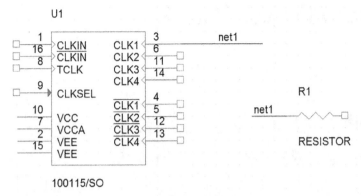

图 3-63　网络标号连接

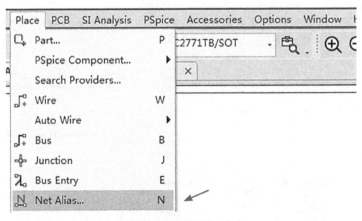

图 3-64　网络标号放置命令

（2）在执行完命令之后，会弹出如图 3-65 所示"Place Net Alias"的对话框，在"Alias:"框中输入网络标号的名称，网络标号必须名字一致才能成功连接。在"Color"下拉列表中选择网络标号的颜色，在"Rotation"框中选择放置时的角度，在"Font"框中修改网络标号的字体及字号。设置完成之后，单击"OK"按钮即可。

（3）单击需要放置网络标号的连线上，出现"[/N00982 Name:N00982]"等类似的提示框，如图 3-66 所示，表示网络标号已经放置到连线上，只需单击确定即可完成。

4. No ERC 检查点的放置

当元件某些管脚用不到，设计中没有连线时，原理图编译会报错，提示管脚未连接，此时只需放置"No ERC"检查点即可，如图 3-67 所示。

（1）按"X"键可放置"No ERC"检查点，或者执行菜单命令【Place】→【No Connect】，也可放置"No ERC"检查点，如图 3-68 所示。

图 3-65 "Place Net Alias"对话框

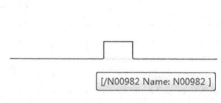

图 3-66 网络标号处于线上提示图

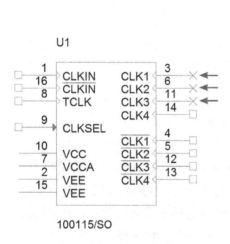

图 3-67 "No ERC"检查点

图 3-68 "No ERC"检查点放置命令

（2）在执行完命令之后，会弹出如图 3-69 所示的"×"标记，单击左键即可完成放置。

5. 总线的连接

（1）按"B"键放置总线，或者执行菜单命令【Place】→【Bus】放置总线，如图 3-70 所示。

（2）总线命名与网络标号的命名类似，可通过按"N"键，或者执行菜单命令【Place】→【Net Alias..】放置总线。放置总线时应注意：

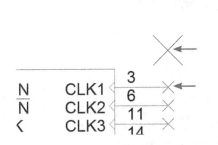

图 3-69　"No ERC"检查点标记

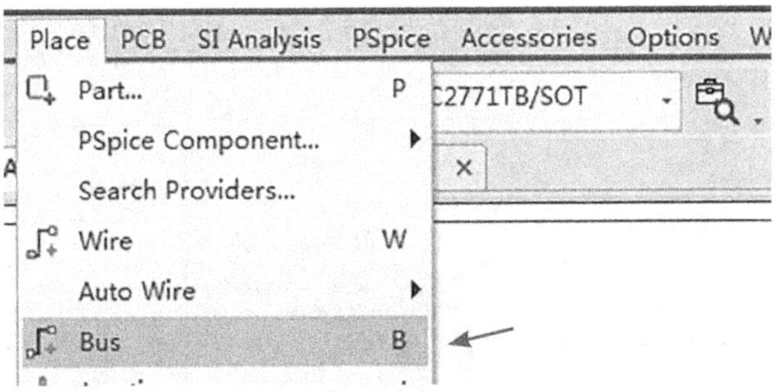

图 3-70　放置总线命令

总线的名字不能以数字结尾。

符号 [ ] 前后不能有空格。

命名必须是名字加 [ ]，如 BUS[0:15]、BUS[0-15]、BUS[0...15]。

（3）信号线与总线的连接采用的是总线入口的方式，通过按"E"键，或者执行菜单命令【Place】→【Bus Entry】，如图 3-71 所示，放置总线入口，单击放置之后即可放置下一个，旋转与旋转元件的方法一样，通过按"R"键，或者右击元件，在快捷菜单中选择"Rotate"，按"ESC"键可退出放置，完成效果如图 3-72 所示。

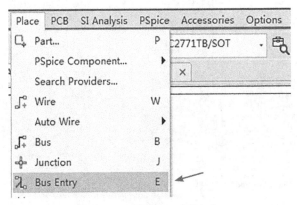

图 3-71　总线入口放置命令

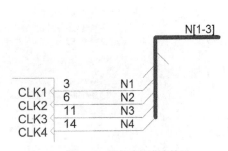

图 3-72　总线连接完成效果

6. 电源和地网络处理

（1）按"F"键，或者执行菜单命令【Place】→【Power...】可放置电源标识。执行命令之后，弹出"Place Power"对话框，如图 3-73 所示。在"Name"框中输入电源的名字，单击"OK"按钮即可。

（2）按"G"键，或者执行菜单命令【Place】→【Ground...】可放置地网络标识。执行命令之后，弹出"Place Ground"对话框，如图 3-74 所示。在"Name"框中输入地网络的名称，单击"OK"按钮即可。

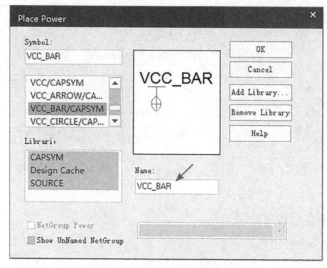

图 3-73 "Place Power" 对话框

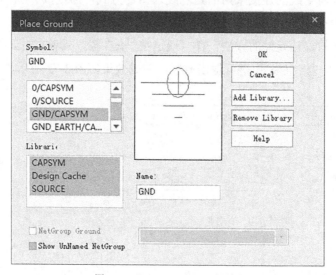

图 3-74 "Place Ground" 对话框

（3）电源和地网络标识示例如图 3-75 所示。

（a）电源　　　　　　　　　　　　　　　　　（b）地网络标识

图 3-75 电源和地网络标识示例

7. 跨页符的放置

多个原理图页之间的网络标号不能跨页相连，需要通过跨页符进行信号的连通。

（1）执行菜单命令【Place】→【Off-Page Connector】，弹出"Place Off-Page Connector"对话框，如图3-76所示，选择合适的类型并在"Name"框中输入网络名称，然后单击"OK"按钮，即可放置不同原理图页之间的Off-Page类型跨页符。

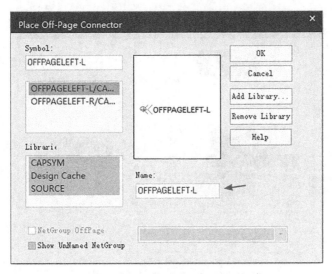

图3-76 "Place Off-Page Connector"对话框

（2）输入、输出跨页符如图3-77所示。

（3）跨页符连接如图3-78所示。

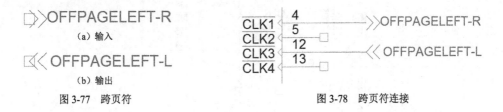

图3-77 跨页符   图3-78 跨页符连接

3.4 放置字符标注及图片

设计时经常需要对一些功能模块添加文字说明，以增强原理图的可读性，方便设计师进行设计。

1. 放置字符标注

（1）执行菜单命令【Place】→【Text...】，也可按"T"键，完成放置字符标注。可在弹出的"Place Text"对话框中设置字符的文本内容、颜色、角度、字体格式等，单击"Font"栏中的"Use Default"按钮可以使用模板，如图3-79所示。

文本框：输入想要添加的文字说明。可以按组合键"Ctrl+Enter"换行。

Rotation：角度设置，可选择 0°、90°、180°、270°。

Color：字符标注的颜色设置。

Font：设置字符标注的字体、字号等。

（2）显示效果如图 3-80 所示。

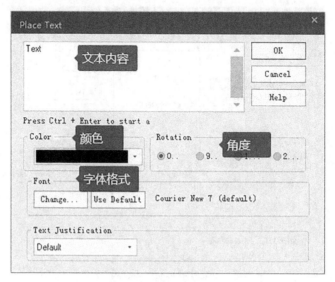

图 3-79 "Place Text"对话框

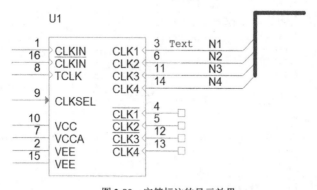

图 3-80 字符标注的显示效果

2. 放置图片

执行菜单命令【Place】→【Picture..】，弹出如图 3-81 所示的"Place Picture"对话框，选择合适的图片文件，单击"OK"按钮，再放置到原理图中，完成图片的放置，效果如图 3-82 所示。

图 3-81　"Place Picture" 对话框

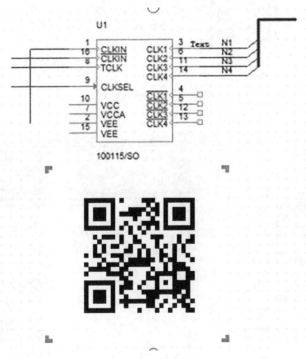

图 3-82　效果显示图

3.5　原理图的全局编辑

1. 原理图页面的放大与缩小

（1）在原理图中，通常会用到放大、缩小命令来查看设计，界面太小会影响连线操作。

（2）按"I"键或单击快捷栏中的放大镜图标⊕来放大，如图 3-83 所示。执行菜单命令【View】→【Zoom】→【In】或按住"Ctrl+ 鼠标滚轮"可快速放大，如图 3-84 所示。

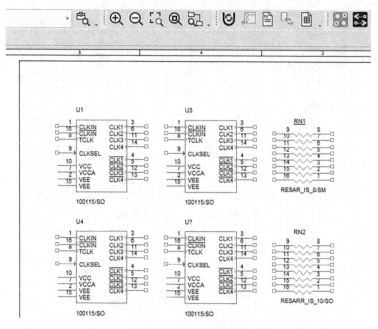

图 3-83　单击放大镜放大

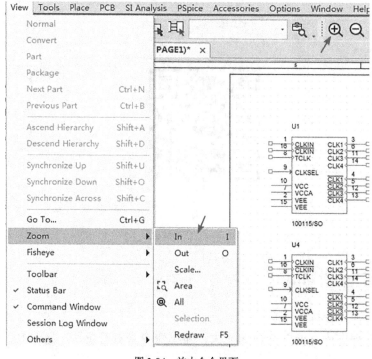

图 3-84　放大命令界面

（3）执行命令后，图中内容会被放大。放大效果图如图3-85所示，放大缩小是根据鼠标位置来确定的。

（4）按"O"键或单击快捷栏中的缩小镜图标 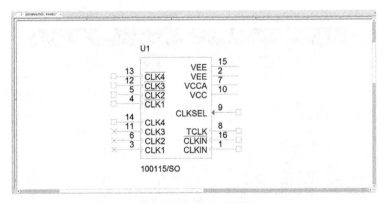，也可执行菜单命令【View】→【Zoom】→【Out】，或者使用"Ctrl+鼠标滚轮"，可实现缩小界面操作，如图3-86所示。

图 3-85　界面放大效果图

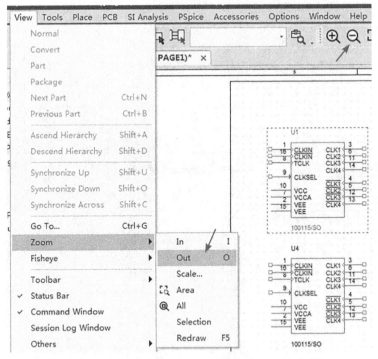

图 3-86　缩小命令界面

2. 位号重新编号

原理图绘制常利用复制功能，复制完之后会存在位号重复现象而影响后期设计。重新编号可以对原理图中的位号进行复位和统一，从而方便设计和维护。

（1）运用自动编号功能，消除需要编号元器件的原有编号，执行菜单命令【Tools】→【Annotate】，在弹出的"Annotate"对话框的"Action"栏中选择"Reset part references to '?'"，如图 3-87 所示，单击"确定"按钮，清除所有位号。

（2）完成后的效果图如图 3-88 所示，可以看到，原理图中的元器件位号都变成"？"。

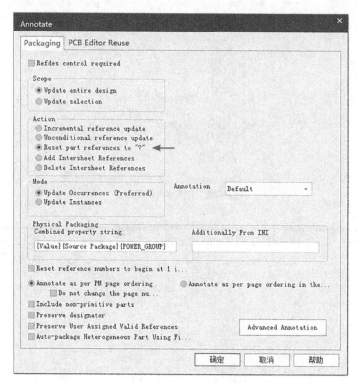

图 3-87 "Annotate"对话框

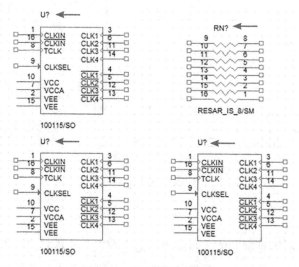

图 3-88 完成后的效果图

（3）执行菜单命令【Tools】→【Annotate】，在弹出的"Annotate"对话框的"Action"栏中选择"Incremental reference update"项，如图 3-89 所示，然后单击"确定"按钮，重新编排元器件的位号。

（4）完成后的效果图如图 3-90 所示，此时原理图中的元器件已经全部重新编号。

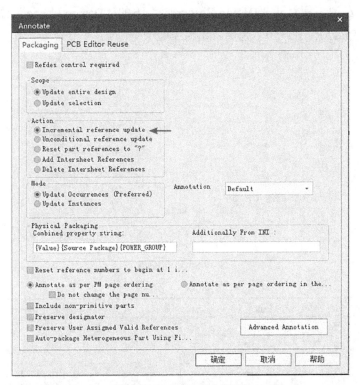

图 3-89 "Annotate"对话框

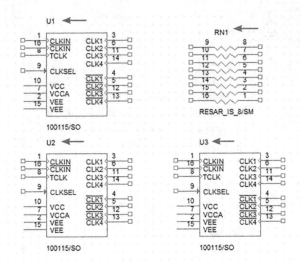

图 3-90 完成后的效果图

3. 批量修改元器件封装

绘制完成原理图之后，在需要对某些同类型的元件进行属性更改时，若逐个操作比较麻烦，OrCAD Capture 提供了比较好的全局批量修改方法。下面以 20 针排阻替换为 16 针排阻为例进行说明，如图 3-91 所示。

（1）单击左边工程目录"Design Resources"下的"Design Cache"，找到需要更换的封装，以"RESARR_IS_10"为例，如图 3-92 所示。

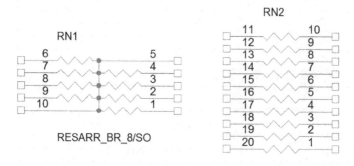

图 3-91　封装修改图

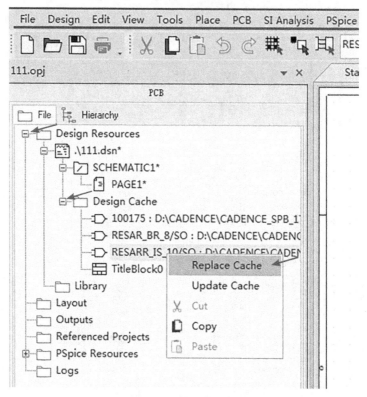

图 3-92　封装位置界面

（2）右击选择"Replace Cache"，弹出警告框（见图 3-93），单击"Yes"按钮进入"Replace Cache"对话框，如图 3-94 所示。

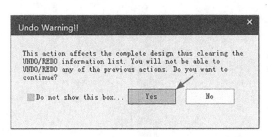

图 3-93　警告框

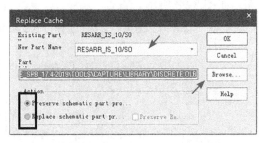

图 3-94　"Replace Cache"对话框

图中，New Part Name 表示选择需要修改的封装。Browse... 用来选择库文件路径。

Action 中的第一项为保留原有的元器件注释，第二项为替换原有的元器件注释。

（3）修改完成后如图 3-95 所示，由于是同一个库目录，所以不需要修改原有库的路径，直接在"New Part Name"中修改封装为 16 针的排阻"RESARR_IS_8"，然后单击"OK"按钮。

（4）弹出如图 3-96 所示的"OrCAD Capture"对话框，单击"是"按钮即可更换元器件封装。

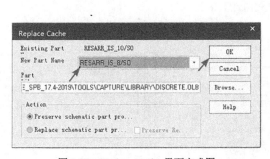

图 3-95　Replace Cache 界面完成图

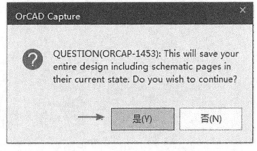

图 3-96　"OrCAD Capture"对话框

（5）如图 3-97 所示，RN2 已经修改为 16 针排阻，由于在 Action 中选择了保留原有的元器件注释，所以元器件注释没有改变。

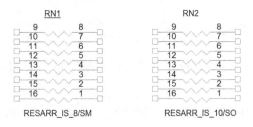

图 3-97　元器件更新效果图示

4．原理图页名的修改

（1）设计中有多页原理图时，各原理图页名称前缀用数字排序体现，方便使用者查阅，如图 3-98 所示。

（2）选择原理图页，右击选择"Rename"重新命名，如图 3-99 所示。

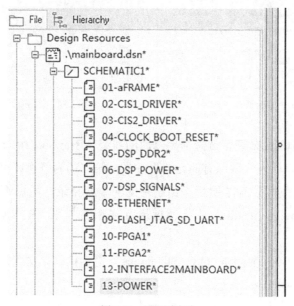

图 3-98　原理图编号

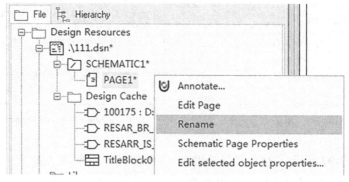

图 3-99　原理图重命名

3.6　PCB 封装的添加

绘制好原理图之后，每个符号需要对应好元器件的 PCB 封装名称才能被正常导入 PCB 文件中进行设计。

（1）双击原理图中的元器件，在弹出的"Property Editor"对话框中选择"Parts"选项，如图 3-100 所示，找到"PCB Footprint"栏，并输入对应的 PCB 封装名称。

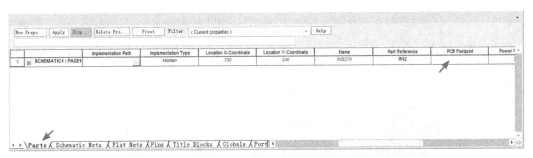

图 3-100 PCB Footprint 位置

（2）单击右上角的"Pivot"按钮即可把显示界面改为竖向方式，如图 3-101 所示。

（3）完成后单击"Apply"按钮，如图 3-102 所示，也可选择"Property Editor"选项执行"Save"命令，或者按组合键"Ctrl+S"保存并退出。

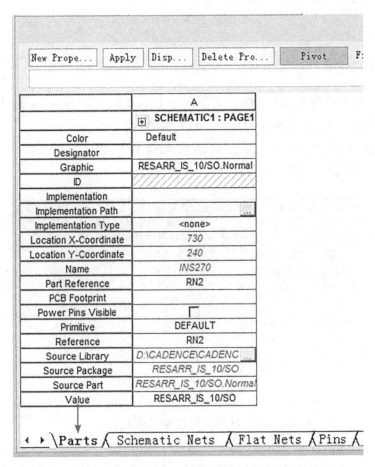

图 3-101 竖排编辑框

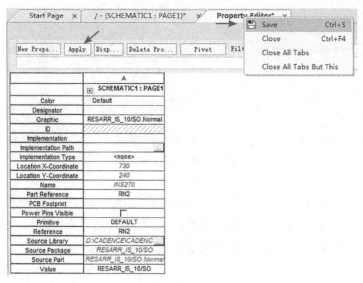

图 3-102 应用及保存界面

3.7 网表的生成

（1）选择原理图的根目录，执行菜单命令【Tools】→【Create Netlist】，或者直接单击 快捷图标，调出生成网表的界面，如图 3-103 所示。

（2）在弹出的"Create Netlist"对话框中选择"PCB"选项卡，生成 Cadence Allegro 的第一方网表，如图 3-104 所示。

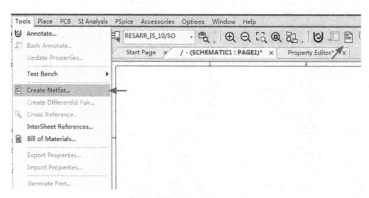

图 3-103 生成网表界面

（3）输入 Cadence Allegro 第一方网表时注意下面几点：

需要勾选"Create PCB Editor Netlist"才会生成网表。

"Netlist Files"栏是输出网表的存储路径，如果不进行更改，在原理图存放目录下会自动产生"allegro"文件夹，里面就是输出的网表内容。

（4）单击右侧的"Setup"按钮，勾选图 3-105 中的"Ignore Electrical Constraints"

选项，则忽略原理图中所添加的规则。

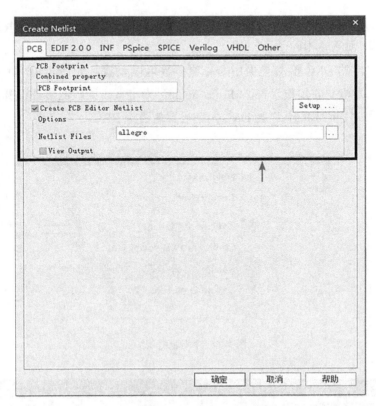

图 3-104　"Create Netlist" 对话框

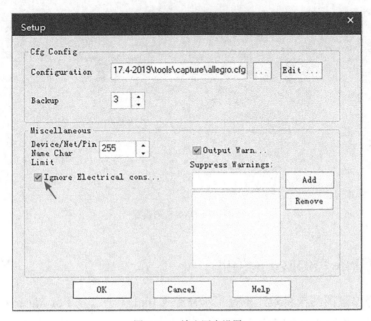

图 3-105　输出网表设置

3.8 原理图 DRC 的检查

（1）选择原理图的根目录，执行菜单命令【PCB】→【Design Rules Check】进行设计规则的检测，如图 3-106 所示。

（2）在弹出的 DRC 检测界面中有 4 项参数可以设置，如图 3-107 所示，"Design Rules Check"为检测的参数设置，"Rules Setup"为电气规则检测参数设置、物理规则检测参数设置，"ERC Matrix"为 DRC 矩阵设置是否报 DRC。

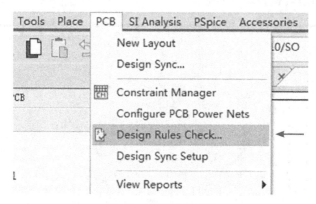

图 3-106　执行检测命令

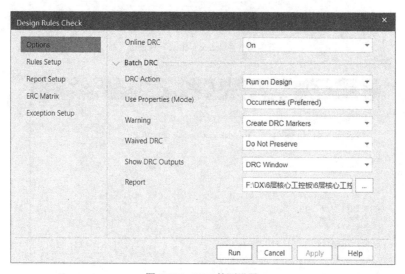

图 3-107　DRC 检测设置

3.9 物料清单（BOM）的输出

（1）选择原理图的根目录，执行菜单命令【Tools】→【Bill of Materials...】进行物料清单的输出，如图 3-108 所示。

（2）弹出如图 3-109 所示的物料清单，在 "Header" 及 "Combined property string" 栏中分别列出需要输出的元素，依次为元器件的数量、元器件的位号、元器件的属性值，这些是输出物料清单所必需的，可以手动输入。

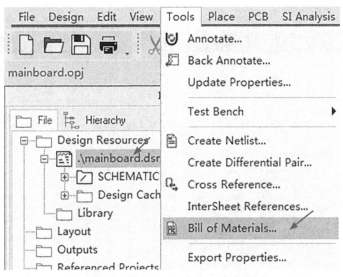

图 3-108　根目录选中及执行 BOM 表输出命令

图 3-109　物料清单

（3）在物料清单中缺失元器件的封装属性值，在输出物料清单的时候需要加上，格式与"Header"及"Combined property string"栏一致，如图 3-110 所示，然后勾选"Open in Excel"选项，输出物料清单时就会用 Excel 表格打开，如图 3-111 所示，保存之后，物料清单就输出完成了。

图 3-110　在物料清单中添加封装属性

	A	B	C	D
1	Revised: Thursday, May 14, 2020			
2	Revision:			
3	Bill Of Materials	Page1		
4				
5	Item	Quantity	Reference	Part
6				
7				
8	1	62	C1, C2, C5, C7, C9, C10, C11, C14, C15, C17, C19, C22, C23, C24, C	0. 1UF
9	2	16	C3, C4, C6, C13, C16, C18, C39, C55, C56, C73, C85, C86, C99, C10	10UF
10	3	2	C8, C21	1uF
11	4	88	C12, C20, C27, C31, C32, C33, C34, C35, C36, C37, C38, C40, C41,	0. 01uF
12	5	3	C129, C160, C161	470uF
13	6	4	C163, C167, C169, C180	22UF
14	7	2	C165, C173	100UF
15	8	2	C175, C177	2. 2UF
16	9	1	C178	47pF
17	10	1	C181	47nF
18	11	1	C182	1nF
19	12	3	D1, D14, D17	SS12
20	13	13	D2, D3, D4, D5, D6, D7, D8, D9, D10, D11, D18, D19, D20	LED
21	14	2	D12, D13	SS34

图 3-111　用 Excel 表格打开物料清单

3.10　OrCAD 中常用快捷键介绍

OrCAD 的快捷键是系统设置好的，快捷键在每个菜单命令后面都有提示，下面列举一些常用命令的快捷键：

I：放大

O：缩小

C：以光标所指为新的窗口显示中心

W：连接走线

P：快速放置元器件

R：元器件旋转 90°

N：放置网络标号

J：放置交叉节点

F：放置电源

G：放置地

H：水平镜像

V：上下镜像

B：放置总线

Y：画多边形

E：放置总线端口

T：放置文字

Ctrl+F：查找元器件

Ctrl+E：编辑元器件属性

Ctrl+C：复制

Ctrl+V：粘贴

Ctrl+Z：撤销操作

Ctrl+S：保存

Ctrl+P：打印

Ctrl+I：调出过滤器

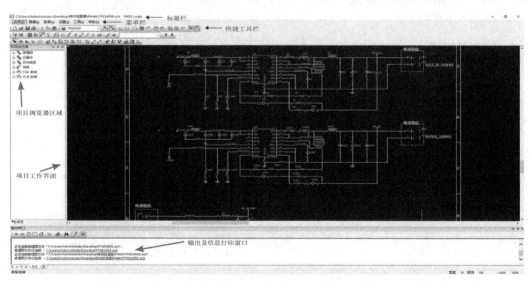

第 4 章

PADS Logic 基础设置及元件库设计

本章讲述了使用 PADS Logic（简称 Logic）版本软件进行原理图元件库创建，包括手动创建方式及利用 Excel 创建方式等，并介绍了几个库的相互关联。

使用 PADS 平台进行电路设计时，既可配合 OrCAD 原理图平台进行，也可配合 PADS Logic 软件平台进行。本章从认识 PADS Logic 操作界面开始介绍，讲解了 Logic 常用参数设置、颜色喜好设置、中英文软件版本切换、元件库的新建和管理、元件封装的创建与管理等内容。PADS 软件平台库包含封装库、元件库、线库、逻辑库等，元件库是封装库与逻辑库的关联库，元件库中封装库与逻辑库管脚进行匹配，进行原理图设计、PCB 导入时都是调用元件库，通过元件库将封装库导入 PCB，将逻辑库元器件图形放入原理图中。通过对本章的学习，读者可以深入了解用 PADS Logic 版本软件进行原理图元件库创建的过程。

4.1 PADS Logic 界面介绍

PADS Logic 是 PADS 中进行原理图设计的工具，其界面由标题栏、菜单栏、快捷工具栏、项目工作界面、项目浏览器区域和输出及信息打印窗口组成，如图 4-1 所示。

图 4-1 PADS Logic 的工作界面

（1）标题栏：显示项目的标题及路径。

（2）菜单栏：显示 Logic 工具的主要菜单。

（3）快捷工具栏：调用 Logic 工具的快捷操作工具。

（4）项目工作界面：原理图设计的主要工作界面展示区。

（5）项目浏览器区域：可按不同分类展示工作目录，便于快捷地调用工作页面。

（6）输出及信息打印窗口：设计时 Logic 会输出不同的信息，提示设计者所设计的信息。

在操作过程中，可以根据使用者喜好进行调用及隐藏快捷工具栏，可在快捷工具栏区域的空白位置右击，然后选择需要的工具类目，如图 4-2 所示。

图 4-2　快捷工具栏调用界面

图 4-3　项目浏览器界面

在项目浏览器界面用户可根据自己的使用需要调用不同类目进行浏览，如图 4-3 所示。

在输出及信息打印窗口显示用户操作时产生的工具提示信息，如常规的报错信息等，其下方可以调用软件使用的自定义宏内容，如图 4-4 所示。

图 4-4　输出及信息打印窗口

4.2　Logic 常用参数设置介绍

为了提高软件设计的效率，一般在使用前会对一些设计选项进行参数调整，以满足设计的要求。设置的设计参数选项页包括常规、设计、文本、线宽 4 个方面。

（1）执行菜单命令【工具】→【选项】（快捷键 Ctrl+Enter），调出选项设置页，如图 4-5 和图 4-6 所示。

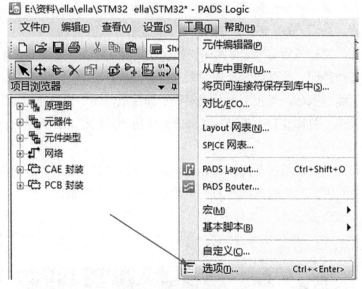

图 4-5　执行"选项"命令

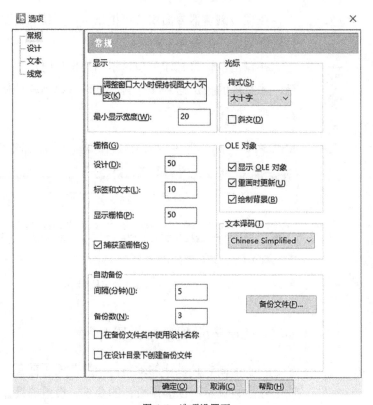

图 4-6　选项设置页

（2）常规设置页如图 4-7 所示。

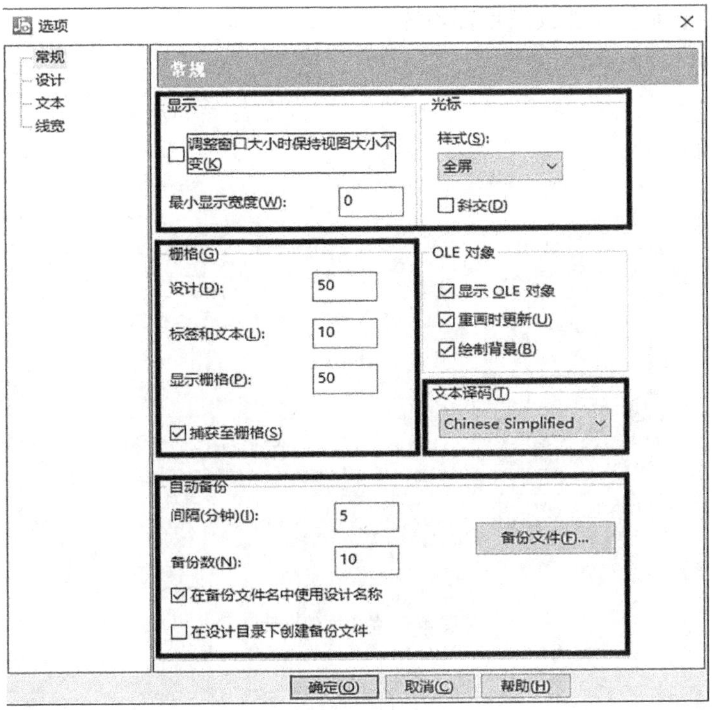

图 4-7　常规设置页

　　显示：默认不选"调整窗口大小时保持视图大小不变"；"最小显示宽度"可设置为 0。

　　光标：建议将光标样式调整为全屏，有利于原理图的绘制。

　　栅格：设置栅格时将"设计"和"显示栅格"设置成一样的，绘制原理图时所见与设计同步，这里推荐调整为"50"，尽量不要设置得太小，给后期设计对齐增加难度，按 10 的倍数进行设置。"设计"栅格是指在软件中进行绘图设计时光标每移动一小格的距离，"显示栅格"是指原理图显示界面每一小格的距离，建议勾选"捕获到栅格"选项。

　　OLE 对象：一般采用默认选项，不用更改。

　　文本译码：一般默认简体中文。

　　自动备份：通常将备份间隔设置为 5 分钟备份一次，备份数调整为 10 份最佳，勾选"在备份文件名中使用设计名称"，方便后续查找相应的设计文件。设计时不清楚备份文件的位置，可单击"备份文件"按钮，即可弹出备份文件目录，如图 4-8 所示。

　　（3）设计设置页如图 4-9 所示。

　　参数：建议"结点直径"和"总线角度偏移"使用默认值。

　　选项：采用默认选项就可以。

　　图页：一般根据设计情况选择标准的 A1、A2、A3、A4 尺寸，方便打印，"图页边界线"项可根据实际情况选择 SIZEA1 ～ SIZEA4。

　　跨图页标签：勾选"显示页间链接图页编号"，分隔符一般使用【】符号。

非 ECO 注册元件：建议三项都勾选。

非电气元件：建议三项都勾选。

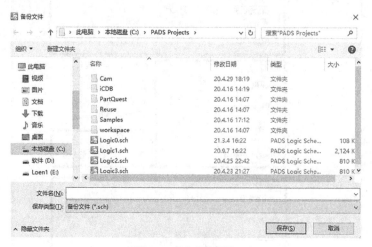

图 4-8　备份文件目录

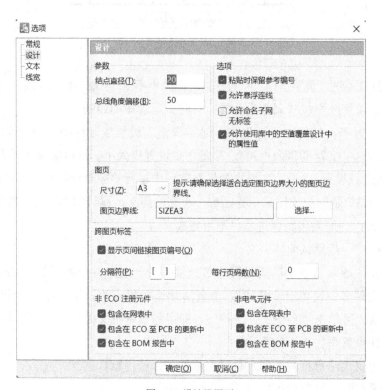

图 4-9　设计设置页

（4）文本设置页如图 4-10 所示，一般采用默认选项。

（5）线宽设置页如图 4-11 所示，一般采用默认选项。

图 4-10　文本设置页

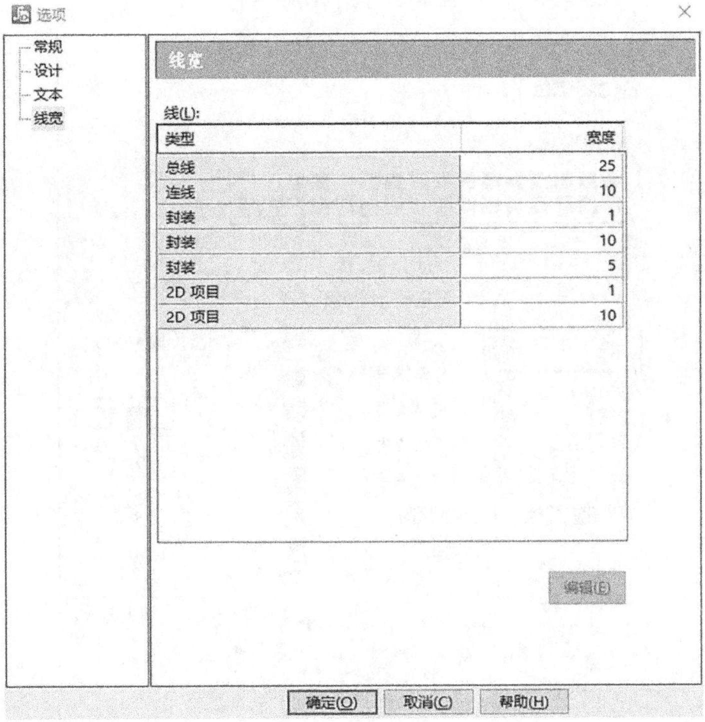

图 4-11　线宽设置页

4.3 显示颜色设置及颜色模板调用

为了提高设计效率，设计原理图时经常会给原理图中的元素分配颜色，以方便设计师对不同元素进行区分、查找和辨认。

（1）执行菜单命令【设置】→【显示颜色】，在弹出页面对常用的设计元素设置不同的显示颜色，如图 4-12 和图 4-13 所示。

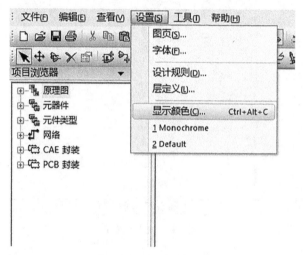

图 4-12　执行菜单命令

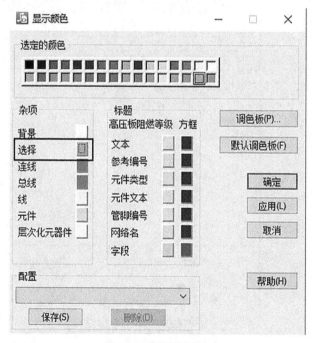

图 4-13　设置显示颜色

（2）设置显示颜色后可以保存为相应模板，以方便下次设计时调用相同的颜色方案，从而提高设计效率。执行保存命令后在"保存配置"对话框填写模板名称即可成功保存，如图 4-14 所示。

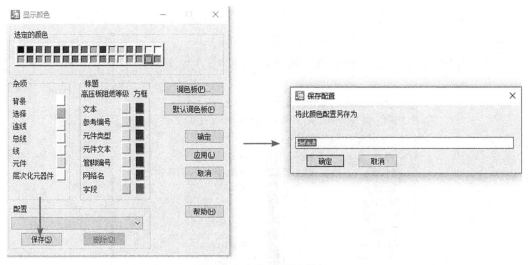

图 4-14　保存显示颜色模板

（3）需要调用模板时在配置下方的选项框里选择所需要的模板，即可调用已经保存的颜色方案模板，如图 4-15 所示。

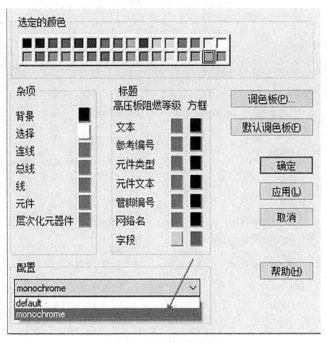

图 4-15　调用显示颜色模板

4.4 软件中英文版本的切换设置

PADS 软件支持中英文显示切换，对于新手来说使用中文版本可以减小学习过程中的难度。

（1）软件安装后一般默认为中文版本，如果习惯使用英文版本进行设计，可执行菜单命令【工具】→【自定义】，如图 4-16 所示。

（2）弹出"Customize"对话框，选择"选项"页，如图 4-17 所示。

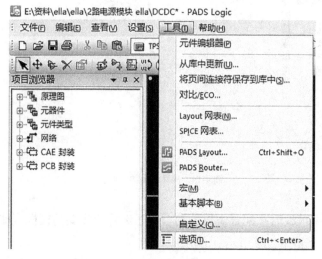

图 4-16　执行"自定义"命令

图 4-17　"Customize"对话框

（3）选择"界面语言"中的"English"，弹出重启对话框，单击"确定"按钮，重启后中英文版本切换就成功了，如图 4-18 和图 4-19 所示。

图 4-18　中英文切换

图 4-19　重启对话框

4.5　元件库的新建和管理

PADS 软件库（见图 4-20）内包含 4 个内容：Logic Decal（逻辑库）、PCB Decal（封装库）、Line（线库）、Part（元件库）。设计师在进行原理图设计前，必须先制作好元件库。

（1）Logic Decal（逻辑库）：表示元件的逻辑功能。

（2）PCB Decal（封装库）：表示元件的实际封装尺寸。

（3）Line（线库）：表示管脚的形状等内容。

（4）Part（元件库）：与 PCB 同步时主要调用的内容，封装库与逻辑库在元件库里进行管脚匹配。

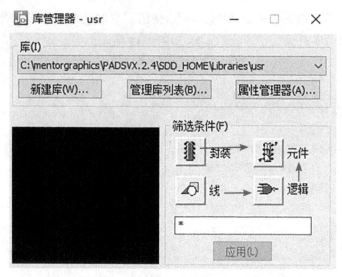

图 4-20　库界面

4.5.1　新建元件库

（1）执行菜单命令【文件】→【库】，进入"库管理器"界面，如图 4-21 和图 4-22 所示。

图 4-21　执行"库"命令

图 4-22　"库管理器"界面

（2）单击"新建库"按钮，在弹出的"新建库"对话框中手动指定库存放路径，再指定库的名称，如 lib1，最后单击"保存"按钮，如图 4-23 和图 4-24 所示。默认库的存放路径一般在安装目录下，如 D:\MentorGraphics\PADSVX.2.7\SDD_HOME\Libraries。

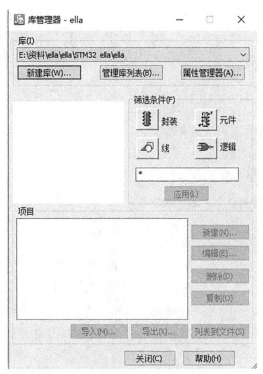

图 4-23　新建库

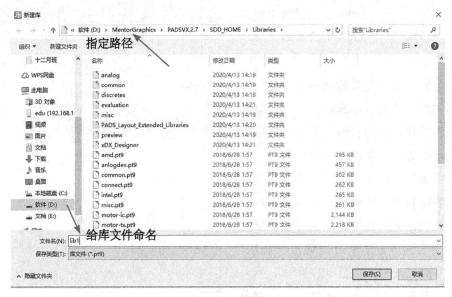

图 4-24　保存库

4.5.2 管理元件库列表

进行原理图与 PCB 同步导入网络表时，软件默认优先从元件库列表中的第 1 个库开始调用元件，所以创建元件库后，需要将使用的库移动至库列表的顶端。

（1）单击"管理库列表"按钮，在弹出的对话框中选择创建的 lib1 库，再单击"上"按钮将 lib1 移动到顶端，最后单击"确定"按钮，如图 4-25 和图 4-26 所示。

图 4-25　单击"管理库列表"按钮

图 4-26　移动库文件 lib1

（2）为了保证元件的唯一性，建议将不使用的库从库列表中删除。单击"管理库列表"按钮，在弹出的对话框中选中不需要使用的库，再单击"移除"按钮，最后单击"确定"按钮，即可将不使用的库从库列表中移除，移除后此库只是不在调用的列表内，其库文件还是保存在计算机中，如果后续需要，则可以通过"添加"按钮将其添加进来，如图 4-27 所示。

注：建议在使用 Logic 组件时保留系

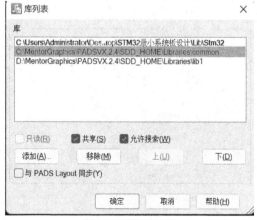

图 4-27　移除库文件

统的 C:\MentorGraphics\PADSVX.2.7\SDD_HOME\Libraries\common 库，因其内包含了常用的库内容。

4.6　元件封装的创建

进行 Logic 原理图设计时，需要对原理图中用到的元件进行元件封装库创建，下面介绍几种常用的元件封装。

4.6.1　单门元件库的创建

（1）执行菜单命令【工具】→【元件编辑器】，如图 4-28 所示，进入元件创建窗口，如图 4-29 所示。

（2）执行菜单命令【文件】→【新建】，在弹出的"选择编辑项目的类型"窗口中，选择"CAE 封装"类型进行创建，如图 4-30 所示。

（3）在 SCH 封装编辑界面中，单击"封装编辑工具栏"图标，然后在弹出的工具栏中单击"封装向导"图标，如图 4-31 所示。

图 4-29　创建新元件

图 4-28　执行"元件编辑器"命令

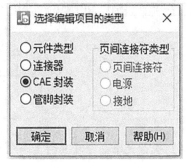

图 4-30　选择"CAE 封装"

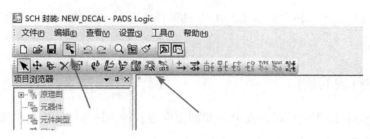

图 4-31   单击"封装向导"图标

（4）在弹出的"CAE 封装向导"对话框中，设置元件封装的参数，进行 CAE 封装的创建，如图 4-32 所示。一般设置的数值为 50 的倍数，以方便后期原理图的设计，单击"确定"按钮，元件封装即创建完毕，如图 4-33 所示。

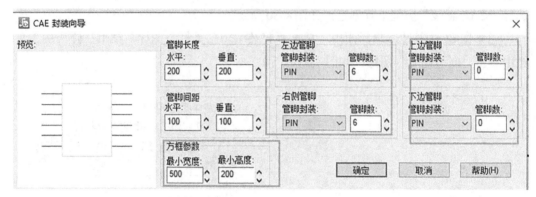

图 4-32   创建 CAE 封装

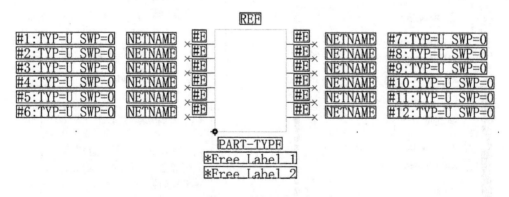

图 4-33   封装创建成功

（5）执行菜单命令【文件】→【保存】，在弹出的对话框中输入 CAE 封装名称，如图 4-34 所示。

图 4-34　输入封装名称

下面介绍元件信息标签页。

执行菜单命令【文件】→【新建】，在弹出的对
话框中选择"元件类型"进行新建，如图 4-35 所示，
然后单击"编辑电参数"图标▦，进入"元件的元件
信息"对话框，如图 4-36 所示。

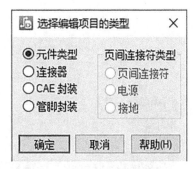

图 4-35　选择"元件类型"

1."常规"标签页介绍

逻辑系列：用来选择相应的元件逻辑系列，如电
容简写"CAP"，用符号"C"做参考编号。本例的元
件属于连接器，所以用"CON"。

前缀列表：这里元件的参考前缀为"J"，"前缀列表"填入"*JTAG"。

ECO 注册元件：默认勾选，标识次元件是 ECO 注册元件。

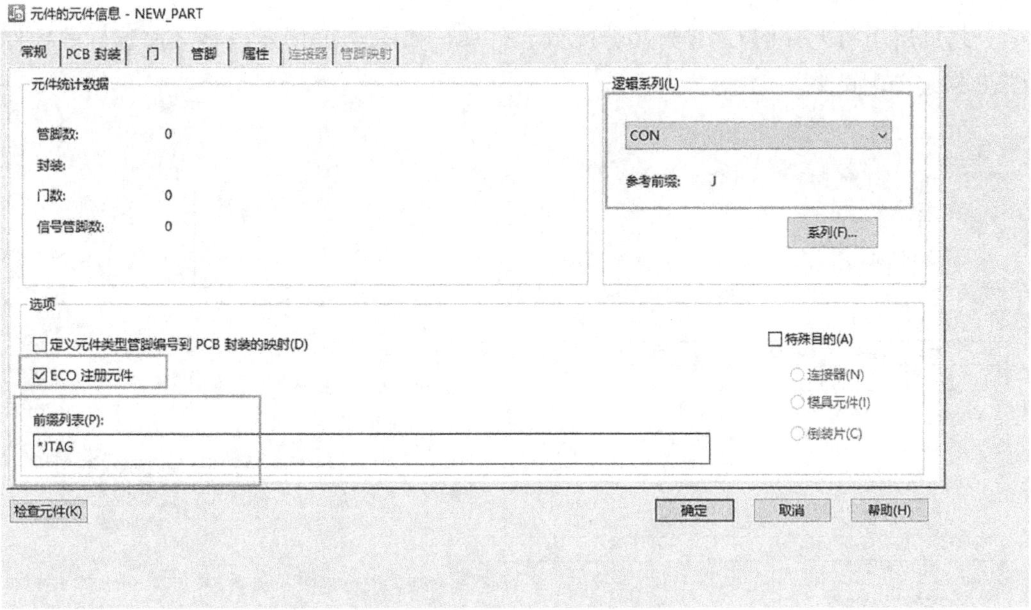

图 4-36　"常规"标签页设置

2."PCB 封装"标签页介绍

此页是对元件进行 PCB 封装的分配，在左侧栏的"未分配的封装"中找到需要的封装，装然后单击"分配"按钮，如图 4-37 所示。需要注意的是，分配的封装应与元件的封装管脚数目保持一致或数量大于元件的封装管脚数目，建议数目保持一致。"筛选条件"栏内一般填入"*"。

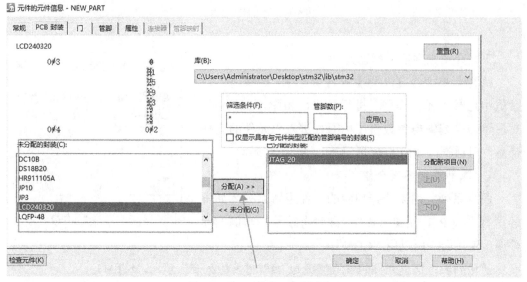

图 4-37 "PCB 封装"标签页设置

3."门"标签页介绍

此页用于将元件的 CAE 封装分配到元件库，如图 4-38 所示，将之前建好的插件 CAE 封装分配进来。

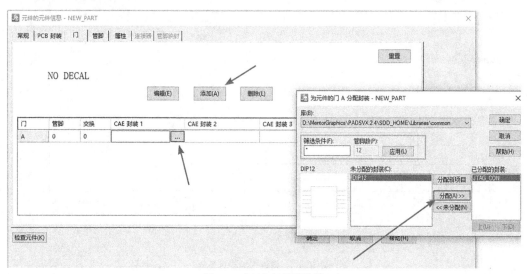

图 4-38 "门"标签页设置

4. "管脚"标签页介绍

此页用于将 PCB 封装库与 CAE 封装中的管脚匹配,一个管脚分配一个网络,如图 4-39 所示。

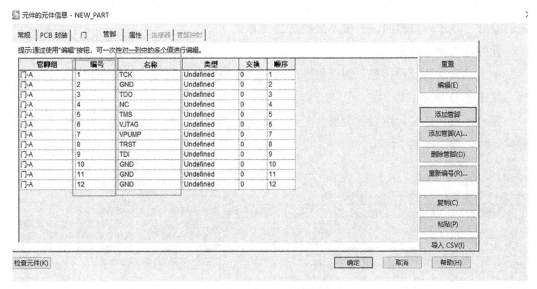

图 4-39 管脚分配网络

5. "属性"标签页介绍

此页常用于设置元件的制造商、价格等说明信息,一般根据需要进行设置,如图 4-40 所示。

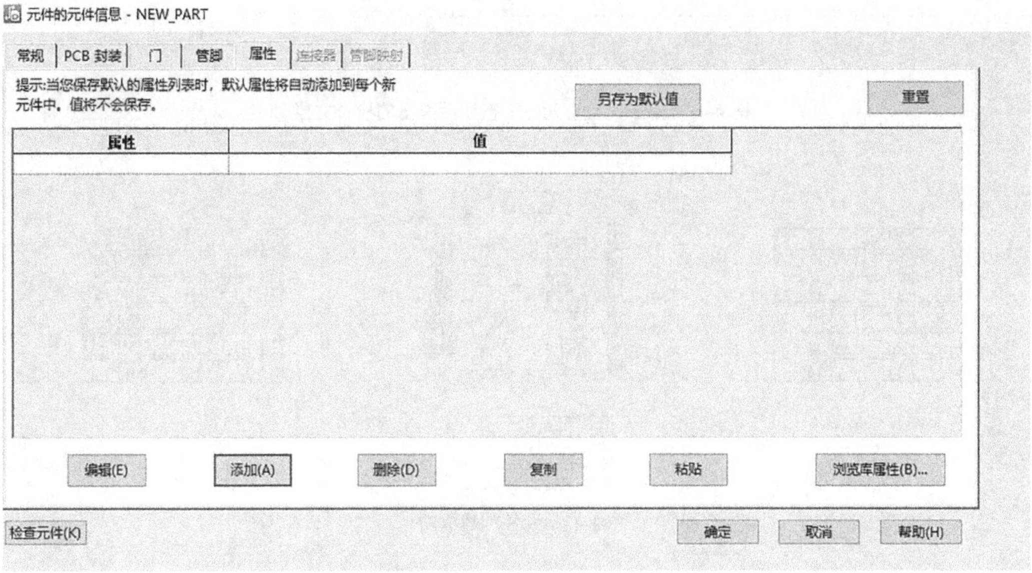

图 4-40 "属性"标签页设置

6."连接器"标签页介绍

"连接器"标签页用于设置连接器的管脚类型及 CAE 封装类型，一般不需要设置。

7."管脚映射"标签页介绍

"管脚映射"标签页需要在"常规"标签页选中"定义元件类型管脚编号到 PCB 封装的映射"时才会被激活，一般不需要进行设置。

元件检查如下所述。

单击"元件的元件信息"对话框左下角的"检查元件"按钮，即可弹出一个检查文档，如图 4-41 所示。

警告一般会忽略，所以这类警告是不影响元件创建的。单击"确定"按钮之后生成插件元件，如图 4-42 所示。

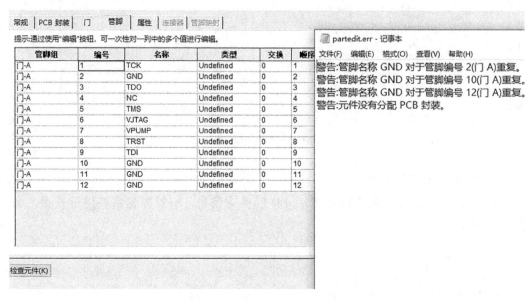

图 4-41　单击"检查元件"按钮后弹出的检查文档

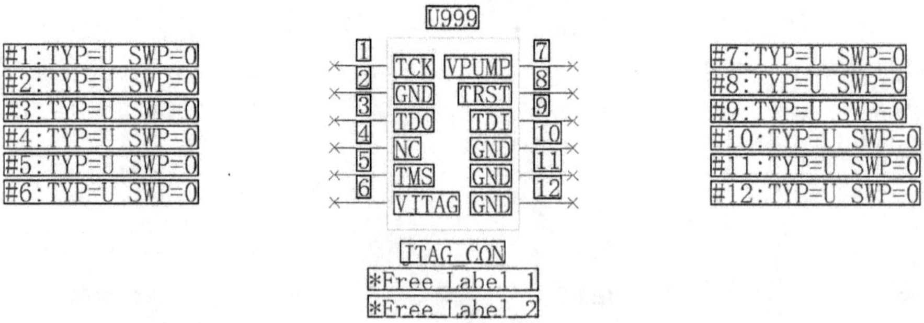

图 4-42　元件创建成功

CAE 封装编辑如下所述。

发现管脚顺序有不同之处时，可以对 CAE 封装进行编辑修改，单击工具栏中的"编辑图形"图标，进入 CAE 编辑页面进行修正，如图 4-43 所示。

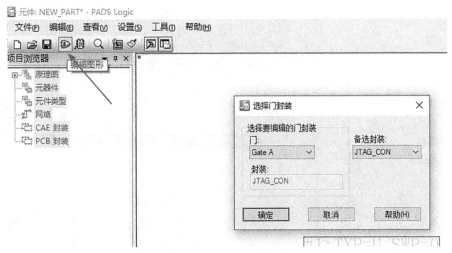

图 4-43　单击"编辑图形"图标

示例：现在的顺序从上到下依次是 1,2,3,4,5,6，要将其改为 1,3,5,7,9,11。

下面对这一页的工具栏进行介绍。

图 4-44 工具栏中从左到右依次是移动、复制、删除、特性、添加文本、添加 3D 线、修改 3D 线、从库中调用 3D 线、封装向导、添加标签、添加管脚、修改管脚、设置管脚编号、修改管脚编号、设置管脚名称、设置管脚类型、设置管脚交换，以及设置序号。

图 4-44　工具栏

调用移动命令可以对管脚的顺序进行调换，将重复的 3 脚换到 5 脚位置，将 4 脚换至 7 脚位置，以此类推，结果如图 4-45 所示。

图 4-45　调换管脚

移动之前需要进行端点的筛选，单击右键，选择"选择端点"命令，如图 4-46 所示。

执行菜单命令【文件】→【返回至元件】，再执行菜单命令【文件】→【保存】，对元件名进行命名，如图 4-47 所示。

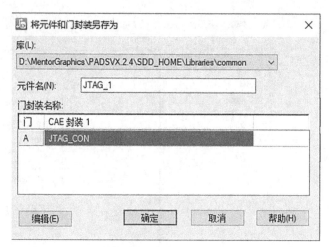

图 4-46 选择"选择端点"命令   图 4-47 元件保存

4.6.2 IC 类封装的创建

（1）新建 CAE 封装，执行菜单命令【工具】→【元件编辑器】，进入"NEW-PART"界面，执行菜单命令【文件】→【新建】，如图 4-48 所示。

（2）利用封装向导创建 CAE 封装，并命名保存，参数建议选择 50 的倍数，以便于后期绘制原理图，如图 4-49 和图 4-50 所示。

（3）元件信息的设置：单击 CAE 封装创建界面左上角的 图标，进入元件信息设置界面，如图 4-51 所示。

"常规"标签页，通常 IC 类器件前缀为 U，如图 4-51 所示。

"PCB 封装"标签页（根据芯片尺寸绘制 PCB 封装后，再分配到元件库中，绘制过程在后面的章节会详细介绍）如图 4-52 所示。

"门"标签页（分配对应的 CAE 封装）如图 4-53 所示。

"管脚"标签页（需要查看芯片资料将名称栏的名称输入到对应的管脚编号行）如图 4-54 所示。

检查元件并进行保存，如图 4-55 和图 4-56 所示。

注意：关于电源管脚及地管脚名称重复的警告，可以忽略。

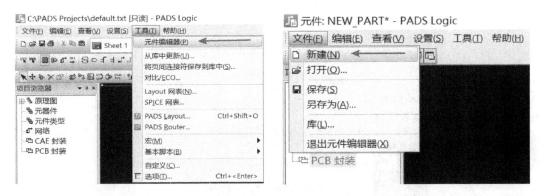

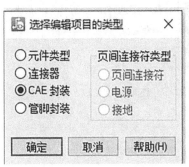

图 4-48　选择"CAE 封装"选项

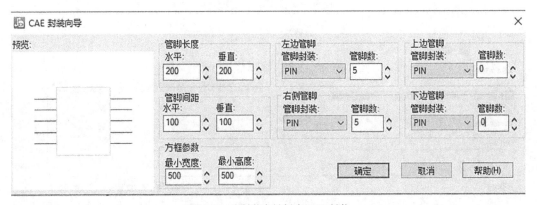

图 4-49　用封装向导创建 CAE 封装

图 4-50　保存 CAE 封装

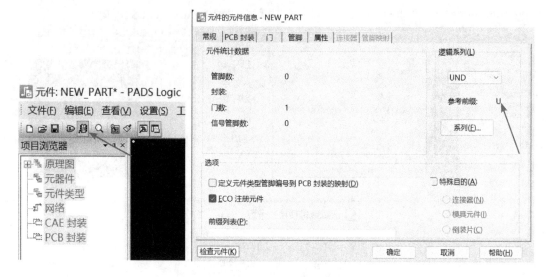

图 4-51 "常规"标签页

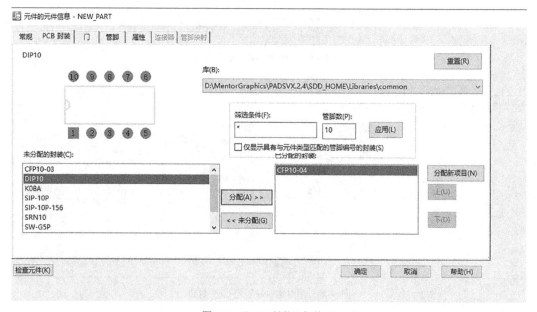

图 4-52 "PCB 封装"标签页

4.6.3 多门元件封装的创建

多门元件是指一个元件拥有两个或两个以上的门（也就是多个 CAE 封装），但实质上还是一个元件，其创建步骤如下。

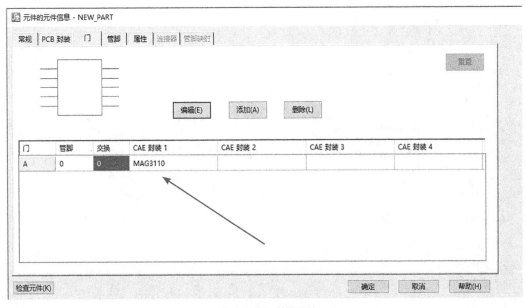

图 4-53 "门"标签页

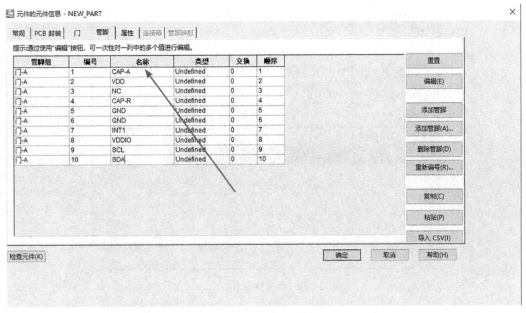

图 4-54 "管脚"标签页

（1）创建 CAE 封装。绘制一个 3 管脚的 CAE 封装，然后命名为"AA1"，并进行保存，如图 4-57 所示。

（2）元件信息设置。设置 3 个门，分别为门 A、门 B 和门 C，然后分配已创建好的 CAE 封装。

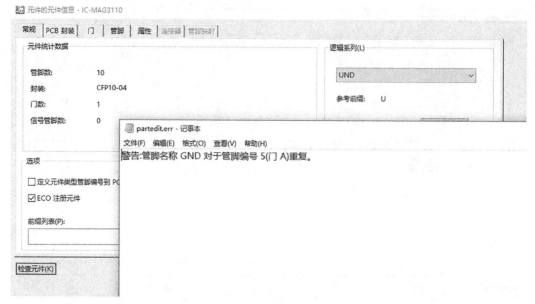

图 4-55　检查元件

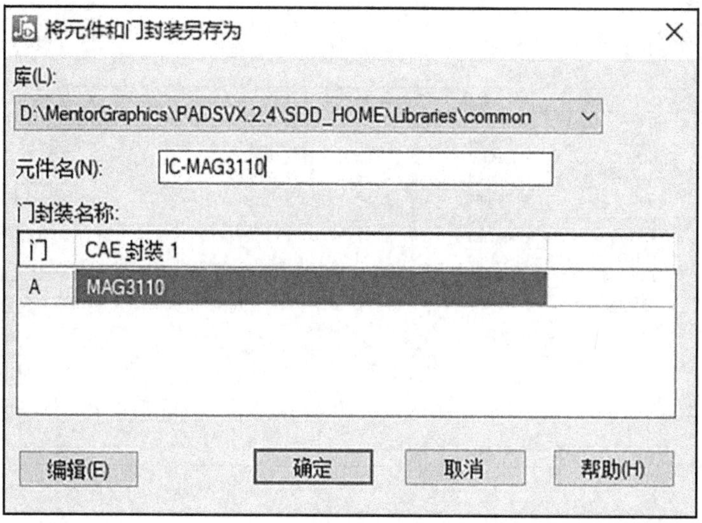

图 4-56　保存元件

图 4-57　CAE 封装

"PBC 封装"标签页如图 4-58 所示。

"门"标签页（此例为 3 个相同的 CAE 封装，可根据实际情况分配不同的 CAE 封装）如图 4-59 所示。

"管脚"标签页（可根据器件资料填入名称等信息）如图 4-60 所示。

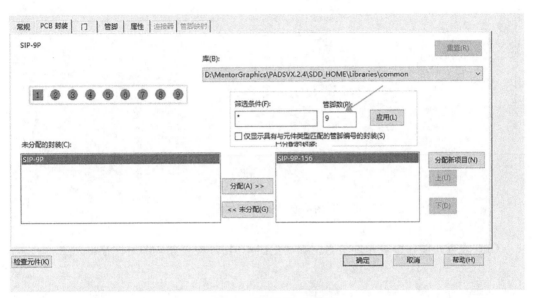

图 4-58　"PCB 封装"标签页

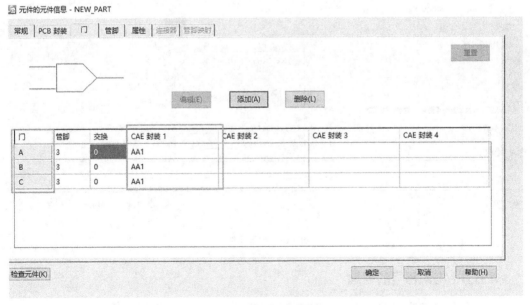

图 4-59　"门"标签页

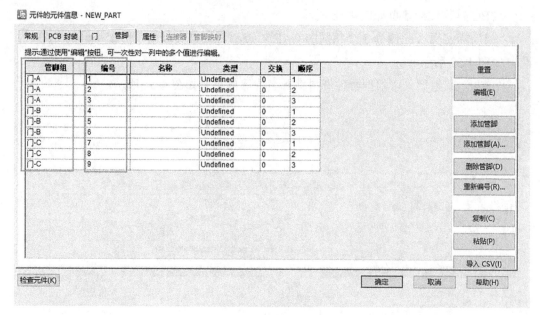

图 4-60 "管脚"标签页

（3）检查元件并查看元件是否正确（见图 4-61），检查完毕即可保存。

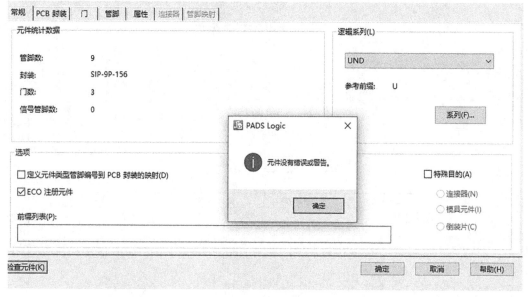

图 4-61 检查元件

4.6.4 电源符号的创建

在软件自带的库里缺少部分电源或 GND 符号，读者可自行创建。

（1）打开任意有电源符号或 GND 符号的原理图，执行菜单命令【工具】→【将页间连接符保存到库中】，选择"项目类型"中的电源或接地，进入特殊元件编辑界面，如图 4-61 所示。注意，一定是有电源符号或 GND 符号的原理图，否则电源选项会显示灰色，无法选择，如图 4-62 所示。

（2）进入特殊元件编辑界面，单击编辑电参数图标，进入"为电源元件分配备件"对话框，如图 4-64 所示。

（3）单击"添加"按钮之后单击图标，进入"浏览特殊符号"对话框，选择电源符号进行添加，如图 4-65 所示。

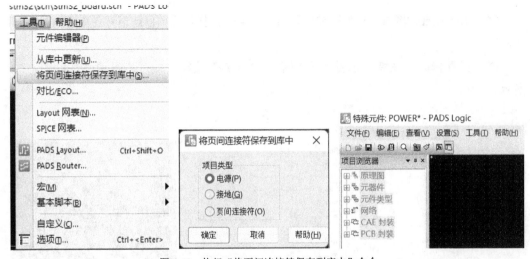

图 4-62　执行"将页间连接符保存到库中"命令

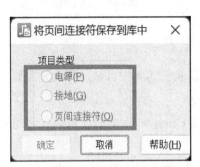

图 4-63　选择项目类型

图 4-64　"为电源元件分配备件"对话框

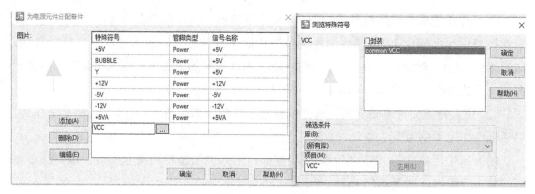

图 4-65　添加电源符号

（4）对参数进行修改，将管脚类型改为"Power"，根据需要修改信号名称，如图 4-66 所示。

（5）保存修改，在弹出的提示中均单击"确定"按钮，即可进行调用，如图 4-67 所示。

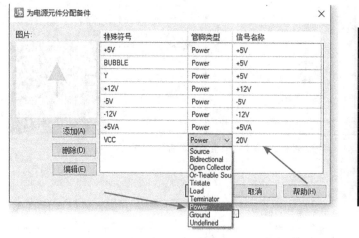

图 4-66　修改参数

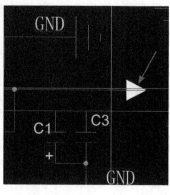

图 4-67　保存到库中

4.6.5　元件库复制

对于常用的元件封装，如电阻、电容、电感等，均在软件的库中自带，因此只需要将其保存至自己创建的库中进行调用即可，具体步骤如下。

（1）执行菜单命令【文件】→【库】，在软件自带的 common 库中的逻辑里找到对应符号，如图 4-68 所示。

（2）将其逻辑复制到使用的库中，如库名为"stm32"，单击图 4-69 中的"复制"按钮，在弹出的对话框中选择"stm32"库进行保存。

（3）在"stm32"库中进行元件的新建，如图 4-70 所示。

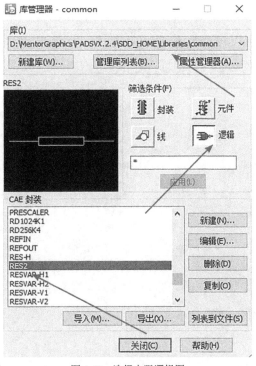

图 4-68　选择电阻逻辑图

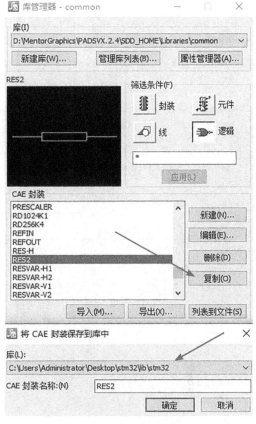

图 4-69　复制元件库

图 4-70　新建元件

（4）进入元件编辑页面，单击编辑电参数图标 进行设置，元件信息设置的过程如下所述。

"常规"标签页如图 4-71 所示。

根据自己需要的封装型号选择"PCB 封装"标签页，在本案例中选择 0603，如图 4-72 所示。

在"门"标签页将 CAE 封装 RES2 分配进来，如图 4-73 所示。

在"管脚"标签页，电阻、电容等常规器件的网络名称是不需要进行填写的，保持空白即可，IC 器件的网络名称可根据 Datasheet 中的信息进行填写，如图 4-74 所示。

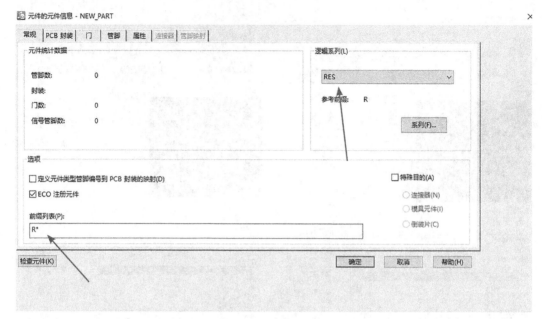

图 4-71 "常规"标签页

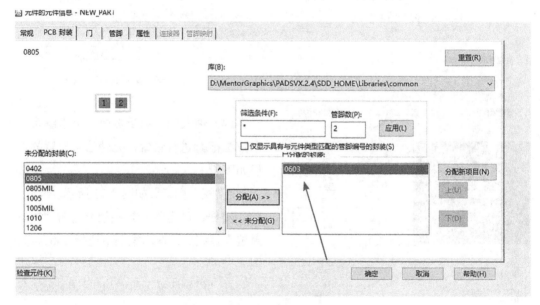

图 4-72 分配封装

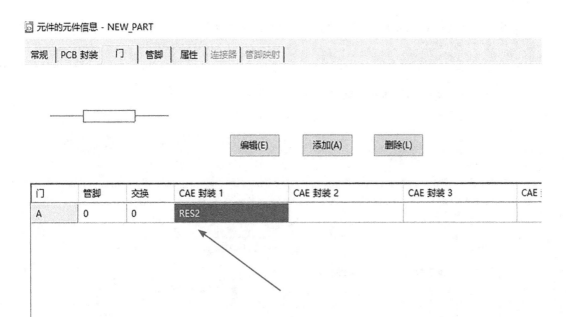

图 4-73　分配 CAE 封装

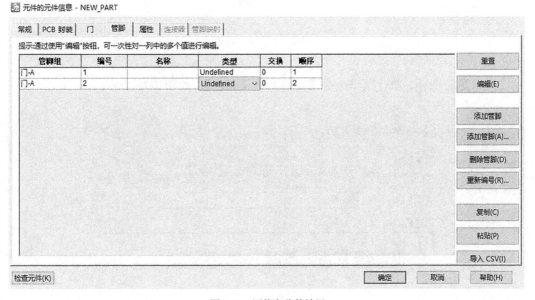

图 4-74　网络名称的填写

（5）检查元件。在元件信息界面的左下角单击"检查元件"按钮，如图 4-75 所示。

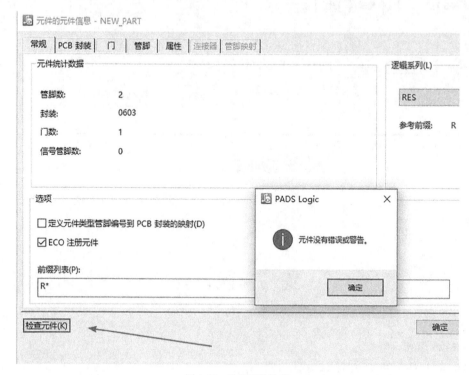

图 4-75 进行元件检查

（6）进行保存。执行菜单命令【文件】→【保存】，如图 4-76 所示。

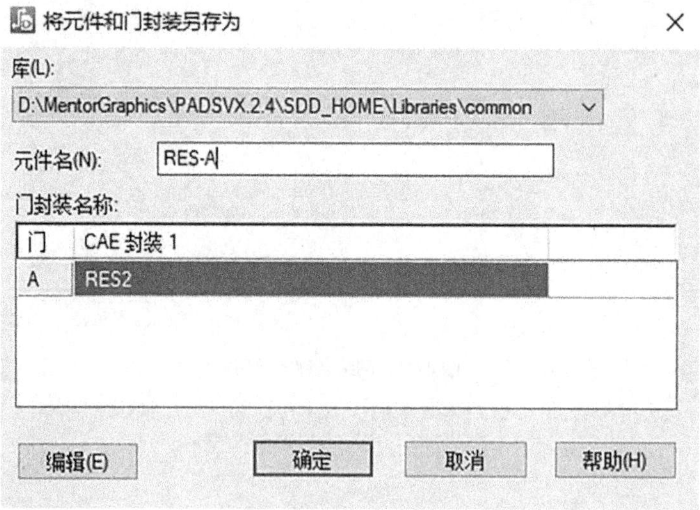

图 4-76 保存元件

第 5 章

PADS Logic 原理图设计

本章介绍使用 PADS Logic 软件进行原理图设计，包括原理图放置元件、信号连通、生成 BOM、生成网表等操作，从而帮助初学者快速掌握 PADS Logic。

使用 PADS 平台进行电路设计时，既可配合 Orcad 原理图平台进行，也可配合 PADS Logic 软件平台进行。建立完原理图的元件库后，需要将元件放置到原理图工程页面中，并进行信号连通。要新建一个原理图工程，首先要建立合适的原理图页面。建立工程后，在软件内修改一些默认的设置选项，让设计过程更符合工程师的喜好。设置完成后，在原理图的合适页面放置元件，通过元件的旋转、移动等功能，使元件处于原理图中方便信号连通的位置。元件放置完成后，对原理图元件管脚进行信号连通，连通方式包括单个元件端点与端点的连通、多管脚通过 BUS 总线方式连通等，部分管脚是电源管脚，可通过放置电源与地符号连通。部分电路在一页内处理不完，可在不同页面内分别处理，并通过页面连接符号进行导通。信号连通后，可对器件的封装库名、Value 值进行编辑。将原理图设计完成后，可运用软件对其进行检查，可导出网表、器件 BOM 等，并可导出 PDF 格式文件，方便后期导入 PCB 内并进行物料采购。

5.1 新建原理图项目

1. 新建项目文件

（1）创建一个新的项目，执行菜单命令【文件】→【新建】，如图 5-1 和图 5-2 所示。

（2）执行菜单命令【工具】→【选项】，在弹出的设计选项设置页面可调整属性框及整版页面，也可将合适的图页框在库里绘制好，然后在图页边界线选择调用，在系统的 COMMON 库里可调用常用的 A1/A2/A3/A4 等规格的标准图页，推荐使用系统自带的图页，以便于后期打印，如图 5-3 所示。

2. 在项目中添加及删除多页原理图

（1）新建好相应的项目后，默认只有一页，通常需要在项目内添加多页原理图，以便于模块化原理图的设置。执行菜单命令【设置】→【图页】，如图 5-4 所示，进入添加原理图页界面，单击"添加"按钮，可添加多页原理图，如图 5-5 所示，可将名称栏内默认的"Unnamed"进行调整，并修改为合适的原理图页名，如图 5-6 所示。

图 5-1　新建项目文件

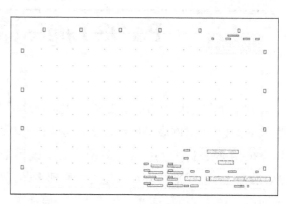

图 5-2　原理图界面

图 5-3　设计选项设置页面

　　注意：为图页命名时不能有非法字符，一般只允许有字母、数字、下画线、中杠等。

　　（2）可单击"上"和"下"按钮对新建好的图页进行排序调整，如果有多余的图页，则可以单击"删除"按钮进行删除，如图 5-7 所示。

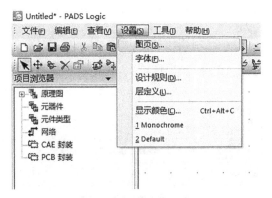

图 5-4　选择"图页"菜单项

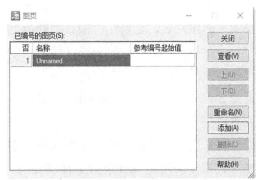

图 5-5　单击"添加"按钮

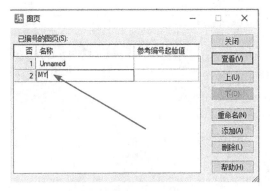

图 5-6　添加多图页原理图

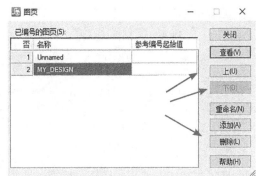

图 5-7　多图页管理

5.2　在原理图中添加及编辑元件

1. 添加元件到原理图页

绘制原理图时，首先要从库中调用元件到原理图中，然后进行网络连接设计。

（1）进入原理图页，单击"添加元件"快捷图标，如图 5-8 所示。

若快捷图标被隐藏，则可右击工具栏空白处调用，如图 5-9 所示。

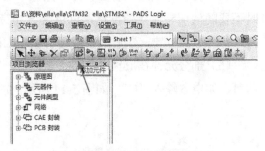

图 5-8　单击"添加元件"快捷图标

图 5-9　调出隐藏的工具栏

（2）在弹出的添加元件界面选择需要调用的库路径，建议在"项目"处填上"*"号后单击"应用"按钮进行筛选，即可显示库里所有的元件内容，否则无法看到元件库中的元件，如图 5-10 和图 5-11 所示。

（3）选择需要的库后单击相应的"添加"按钮，即可将元件放置到原理图页，如图 5-12 所示。

图 5-10　选择需要调用的库路径

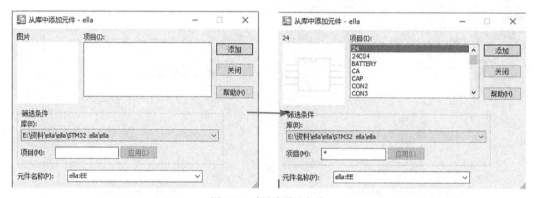

图 5-11　去除库筛选条件

（4）将元件放到原理图页时，光标中心会指示此元件库的原点位置，在建立元件库时不要随便调整原点的位置，以免给设计带来影响。将元件移动到原理图的工作区域，并选择合适的位置，然后单击进行放置，如图 5-13 所示。

（5）部分元件在放置时需要指定前缀，在系统弹出的对话框中输入相应的位号前缀即可，如电容输入"C"，如图 5-14 所示。

图 5-12　添加元件

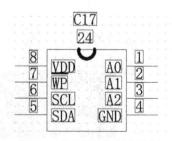

图 5-13　将元件放置在原理图中

图 5-14　输入元件位号前缀

2. 元件的移动

右击原理图页空白位置，对需要操作的对象进行筛选，默认是原理图页内所有元素都可以选中，操作元件时可用"选择元件"进行筛选，如图 5-15 所示。选中原理图页中的元件，然后拖动，或者选中后右击选择"移动"功能，可对元件进行位置调整，如图 5-16 所示。

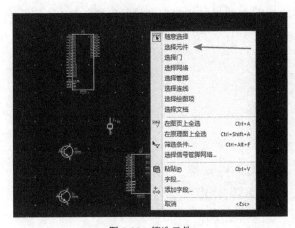

图 5-15　筛选元件

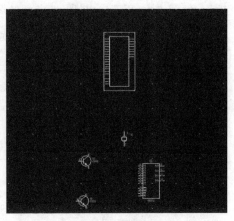

图 5-16　移动元件

3. 元件的删除

选中原理图页中的器件并右击，然后选择"删除"命令，即可将多余的器件删除，如图 5-17 所示。

4. 分配 PCB 封装到元件

（1）打开原理图后，右击选择"选择元件"菜单项，再右击选择"特性"命令，如

图 5-18 所示。

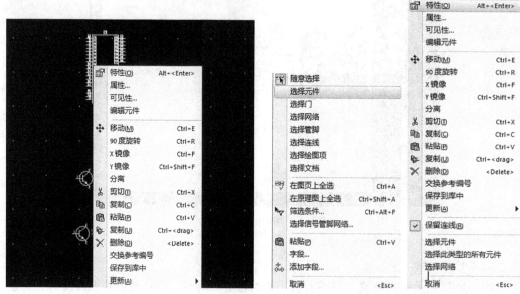

图 5-17　删除元件

图 5-18　选中元件

（2）弹出"元件特性"界面，单击"PCB 封装"按钮，如图 5-19 所示。

（3）进入"PCB 封装分配"对话框，列出"原理图中的已分配封装"和"库中的备选项"，如图 5-20 所示。其中，"库中的备选项"中的封装内容一般保留一项，如有多项，系统会默认调用第一项，第一项为优选项。

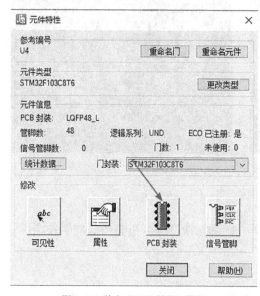

图 5-19　单击"PCB 封装"按钮

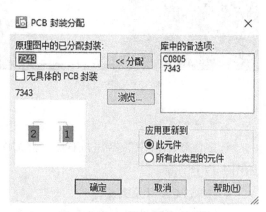

图 5-20　"PCB 封装分配"对话框

（4）在"原理图中的已分配封装"文本框中输入封装名，然后单击"确定"按钮。或者在"PCB 封装分配"对话框中单击"浏览"按钮，弹出"从库中获取 PCB 封装"对话框，从中选择 PCB 封装，如图 5-21 和图 5-22 所示。调用时注意，"项目"及"管脚数"文本框内的筛选条件默认设置为"*"，即不筛选。

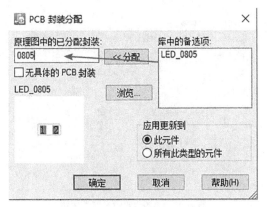

图 5-21　修改 PCB 封装分配

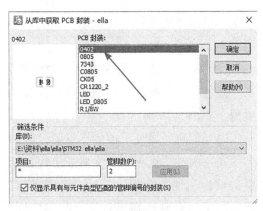

图 5-22　"从库中获取 PCB 封装"对话框

5. 元件位号的处理

（1）在原理图空白处，右击选择"选择元件"菜单项，选择需要更名的元件后，右击选择"特性"命令，进入"元件特性"对话框，单击"重命名元件"按钮，如图 5-23 所示。

（2）进入"重命名元件"对话框，在文本框中输入元件位号名称后单击"确定"按钮，即可重命名元件，如图 5-24 所示。如果输入的元件位号与原理图已有的元件重名，

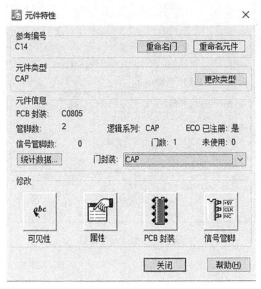

图 5-23　"元件特性"对话框

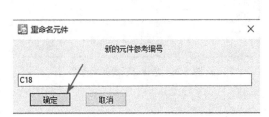

图 5-24　"重命名元件"对话框

则会弹出"元件名称已使用"提示。

6. 元件类型的更改

（1）在原理图空白处右击选择"选择元件"菜单项，选择需要更改的元件后右击选择"特性"命令进入"元件特性"对话框，单击"更改类型"按钮，如图5-25所示。

（2）进入"更改元件类型"对话框，在"元件类型"列表中，选择合适的元件类型，如图5-26所示。

（3）勾选"属性"中的"更新设计和库的通用属性"选项和"保留未出现在库中的设计属性"选项。在"应用更新到"栏中，可以分别选择更新到"此门""此元件"和"所有此类型的元件"，单击"确定"按钮完成元件类型的更改，如图5-27所示。

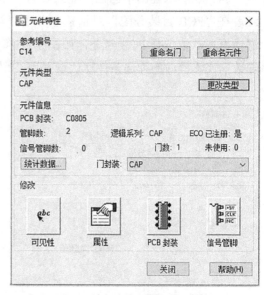

图 5-25　单击"更改类型"按钮

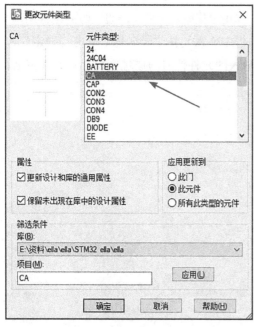

图 5-26　选择合适的元件类型

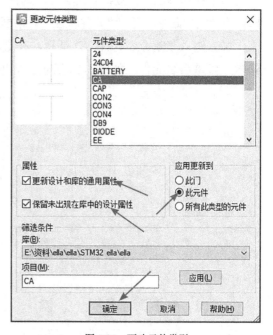

图 5-27　更改元件类型

7. 元件属性信息的编辑

（1）在原理图空白处右击选择"选择元件"菜单项，然后选择需要更改的元件，右击选择"属性"命令，进入"元件属性"对话框，如图 5-28 所示。

（2）在"元件属性"对话框中，可以进行 Value 值等内容的修改，例如，将 22R 修改为 24R，单击"确定"按钮完成修改。需要注意，在"应用更新到"栏中要选择合适的选项，"此元件"代表更改只应用到所选择的元件，"所有此类型的元件"代表用到原理图中所有此元件类型的器件信息都更改，如图 5-29 所示。

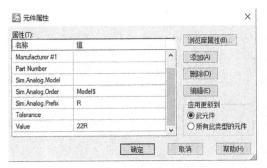

图 5-28　"元件属性"对话框

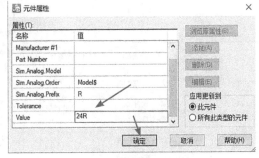

图 5-29　修改元件属性值

5.3　原理图信号连通设计

从库中调用元件放置到原理图页的合适位置后，可以将元件上的管脚信号进行连通性处理，以完成信号的导通。

1. 新建连线

（1）打开文件后，单击设计工具栏上的"连线"图标，如图 5-30 所示，也可以使用快捷键 F2。

（2）之后将光标移到元件的管脚位置，单击后连线以正交方式前进，再单击时暂停，双击则可停止走线，如图 5-31 所示。

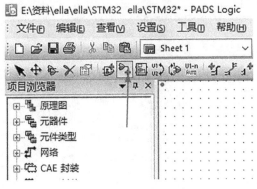

图 5-30　单击"连线"图标

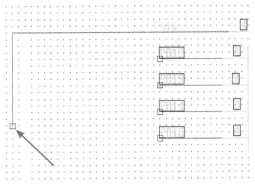

图 5-31　新建和停止走线

注意：连线时可以先设置好格点，一般设置为 10 或 50 的倍数，与建立元件逻辑库时的格点匹配。如果建立逻辑库时未打开格点或格点大小不合适，则会导致连线时光标难以对准管脚，从而影响连线速度，此时，可将原理图页的格点关闭。

2. 移动连线

绘制原理图时，所绘制连线的位置如不合适，可采用移动连线的操作对其进行微调。在空白处右击选择"选择连线"菜单项，在原理图中选中连线后右击选择"移动"命令，移动连线到合适位置，如图 5-32 和图 5-33 所示。

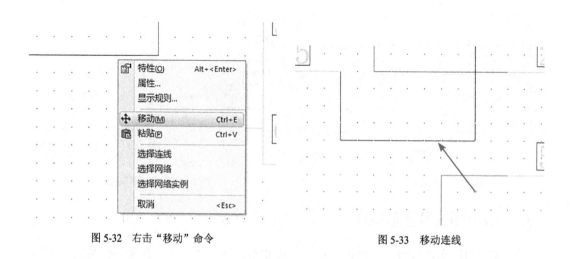

图 5-32　右击"移动"命令　　　　　　　　　　　　图 5-33　移动连线

3. 删除连线

若在连线过程中出现误连现象，则可以用删除命令消除。在空白处右击选择"选择连线"菜单项，在原理图中选择连线后右击，选择"删除"命令，或者按键盘上的"Delete"键即可删除连线，如图 5-34 和图 5-35 所示。

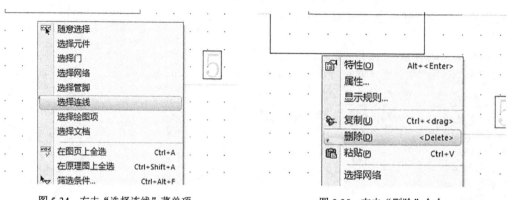

图 5-34　右击"选择连线"菜单项　　　　　　　　图 5-35　右击"删除"命令

5.4　电源符号和地符号的处理

绘制原理图时，除要连接 IC 与元件的信号之外，还需要将电源符号和地符号连接到原理图上。

1. 添加电源符号

（1）在原理图界面按 F2 键，执行连线命令，如图 5-36 所示。

（2）在连线状态下，右击选择"电源"（或按组合快捷键 Shift+Space）命令，可以添加电源符号，如图 5-37 和图 5-38 所示。

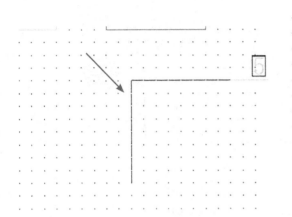

图 5-36　执行连线命令

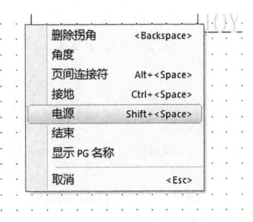

图 5-37　右击"电源"命令

（3）添加电源符号时，如果默认的符号不是合适类型，则可在添加时右击选择"备选"命令（或按组合快捷键 Ctrl+Tab），切换到合适的电源符号，如图 5-39 和图 5-40 所示。

2. 添加地符号

在连线状态下右击选择"接地"命令（或按组合快捷键 Ctrl+Space），可以添加地符号，如图 5-41 和图 5-42 所示。切换地符号和切换电源符号的操作一样。

注意：PADS 系统自带的电源或地符号库只包含几类通用类型，如库中缺少合适类型，可自行创建，系统自带的电源和地符号在 Common 库中，如图 5-43 所示。

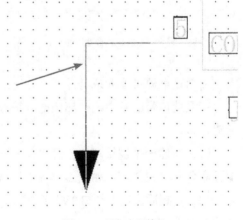

图 5-38　添加电源符号

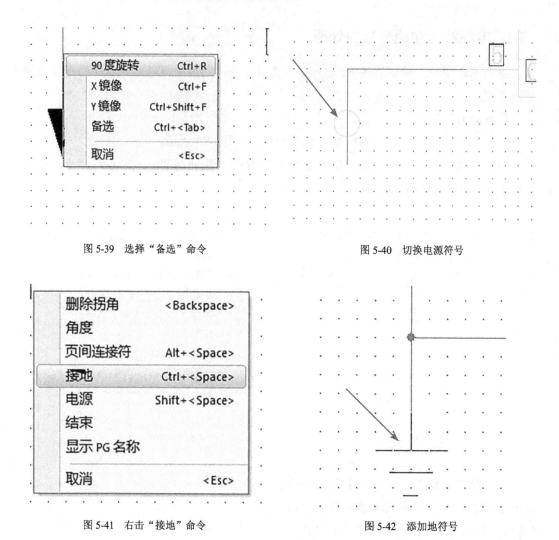

图 5-39　选择"备选"命令　　　　　　　　图 5-40　切换电源符号

图 5-41　右击"接地"命令　　　　　　　　图 5-42　添加地符号

3. 创建电源符号和地符号

在系统自带的库中缺少部分电源符号和地符号，下面以"+3.3V"电源符号为例进行新建。

（1）新建一个逻辑库。打开"Common"库，找到一个电源逻辑库，如"+5V"，复制并命名为"+3.3V"，如图 5-44 和图 5-45 所示。

（2）复制后，选中"+3.3V"逻辑库，单击"编辑"按钮，将其编辑为所需要的形状，如图 5-46 所示。

（3）进入元件库，选中"$PWR_SYMS"元件，单击"编辑"按钮，如图 5-47 所示。

（4）进入编辑页面，单击"编辑电参数"快捷图标，如图 5-48 所示。

（5）在弹出的界面中单击"添加"按钮，并按图 5-49 所示进行设置，完成后单击"确定"按钮。

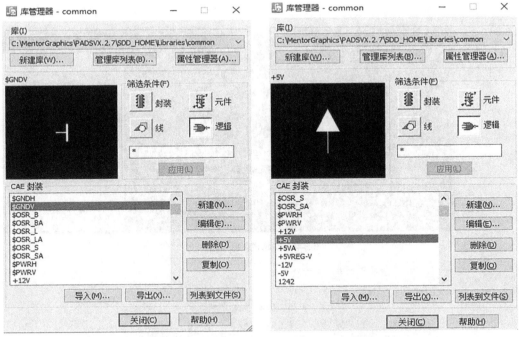

图 5-43　Common 库　　　　　　　　　　图 5-44　复制逻辑库

图 5-45　命名为 "+3.3V"

4.修改网络名称

（1）在原理图空白处，右击选择"随意选择"命令后选择网络名，然后右击选择
"特性"命令或双击网络名进入"网络名特性"对话框，如图 5-50 所示。

（2）将"网络名"栏中的名称修改为合适的名称，如图 5-51 所示。

图 5-46　编辑逻辑库中元件

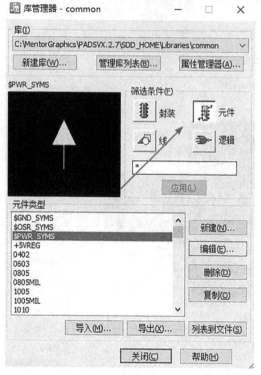

图 5-47　编辑逻辑库

5.5　总线处理

1. 添加总线

（1）单击"添加总线"图标，开始绘制总线，如图 5-52 所示。

（2）将总线移至合适位置建立拐角，然后双击左键结束总线绘制，系统弹出"添加总线"对话框，如图 5-53 和图 5-54 所示。

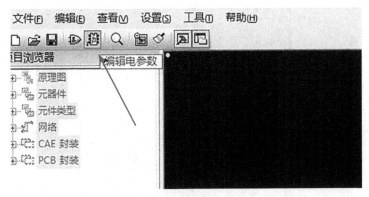

图 5-48　编辑电参数

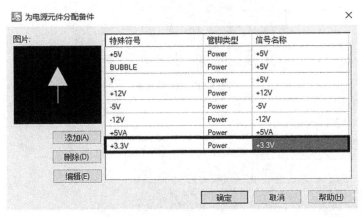

图 5-49　添加"+3.3V"

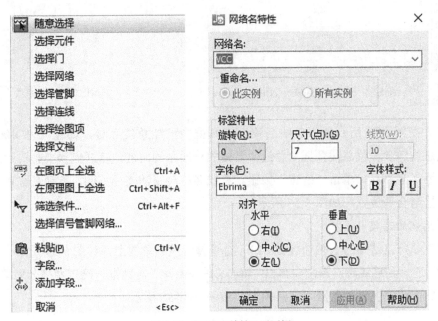

图 5-50　"网络名特性"对话框

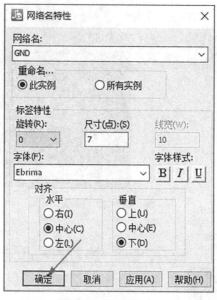

图 5-51　修改网络名

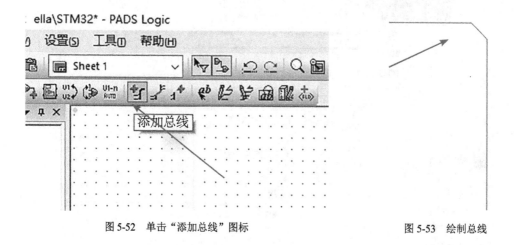

图 5-52　单击"添加总线"图标　　　　　　　　　　　　　　　　图 5-53　绘制总线

（3）在图 5-54 所示的"总线名称"文本框中添加总线名称，如输入"D[00:07]"，代表此总线包含 8 位总线数据，总线命名格式一般是固定的，格式错误会影响后续信号连通，添加名称后，单击"确定"按钮。总线名称会跟随光标移动，移动名称单击鼠标左键放置至合适位置，如图 5-55 所示。

2. 总线的连接

（1）执行连线命令（按快捷键 F2），将管脚连接到总线上，如图 5-56 所示。

（2）连接到总线时，系统会弹出"添加总线网络名"对话框，确定网络名后单击"确定"按钮，单击左键放置网络名，如图 5-57 和图 5-58 所示。

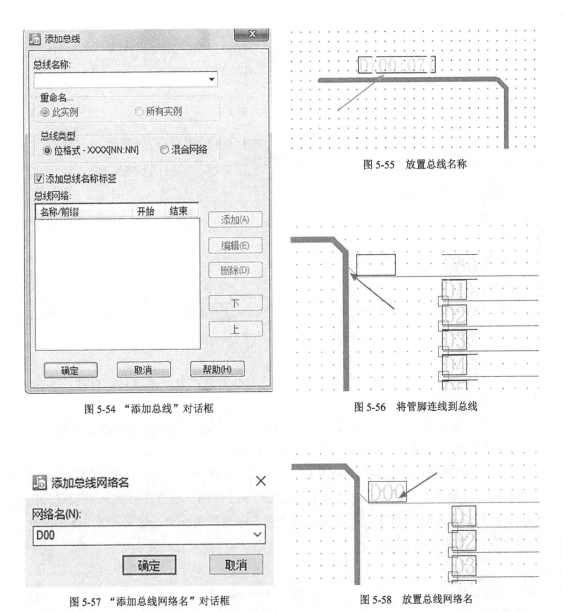

图 5-54　"添加总线"对话框

图 5-55　放置总线名称

图 5-56　将管脚连线到总线

图 5-57　"添加总线网络名"对话框

图 5-58　放置总线网络名

5.6　PADS Logic 文件与 Layout 同步导入网表

原理图设计完成后，需要将原理图中的设计内容导入 PCB 中，以方便后续的 PCB 设计工作，PADS Logic 与 Layout 进行同步的过程，可以按照以下步骤进行。

（1）执行菜单命令【工具】→【PADS Layout...】或单击快捷工具栏的相应图标，弹出"PADS Layout 链接"对话框，如图 5-59 所示。一般进行同步操作时会打开原理图和对应的 PCB，并且只打开一个，以免出现同步文件错误。同步操作之前须先指定封装库的内容，将对应的封装库顺序移到封装库列表的最上方。

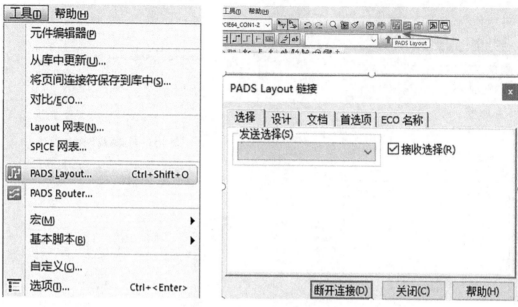

图 5-59 "PADS Layout 链接"对话框

（2）"PADS Layout 链接"对话框中包含 5 个标签页，分别为选择、设计、文档、首选项、ECO 名称。

"选择"标签页：勾选"接收选择"选项，可以使 Layout 中选择的元件对应在 Logic 中也为高亮状态，通常需要勾选，如图 5-60 所示。

"设计"标签页：主要实现 PADS Logic 与 Layout 之间的更新，建议不勾选"在网表中包含设计规则"和"对比设计规则"选项，设计规则一般会在后续 PCB 设计时在 Layout 组件或 Router 组件中进行设置，而不会在原理图中设置。建议勾选"显示网表错误报告"，如图 5-61 所示。

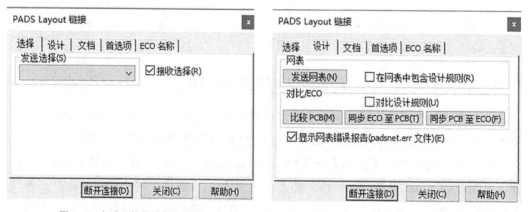

图 5-60 勾选"接收选择"选项　　　　　图 5-61 PADS Layout 链接设置界面

此页面包含三个 ECO 操作按钮：

① 比较 PCB：比较 Logic 与 Layout 中是否有差异，如果有，则会弹出一个 TXT 文本提示差异列表。

② 同步 ECO 至 PCB：将 Logic 中的 ECO 更新到 Layout 中，为常用的同步功能按钮。

③ 同步 PCB 至 ECO：将 Layout 中的 ECO 更新到 Logic，一般此功能不用。

"文档"标签页：该标签页显示的是与 Logic 原理图链接的对应 PCB 文档名称及其路径，也可以单击"新建"按钮，新建 PCB 进行导网表操作，如图 5-62 所示。

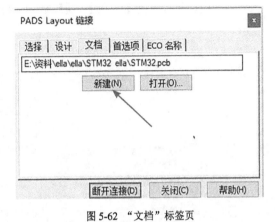

图 5-62　"文档"标签页

"首选项"标签页：在该标签页中，必须勾选"对比 PCB 封装分配""元件""网络"三个选项，"忽略未使用的管脚网络"项可不勾选，如图 5-63 所示。

"ECO 名称"标签页：在该标签页中，需要在首次导入网表时选择"对比名称，并在需要时重命名网络和元件"选项。当原理图在设计过程中有修改需要更新到 PCB 时，需要选择"对比名称，但建议添加 / 删除元件而不是重命名"选项，第三项一般不使用，如图 5-64 所示。

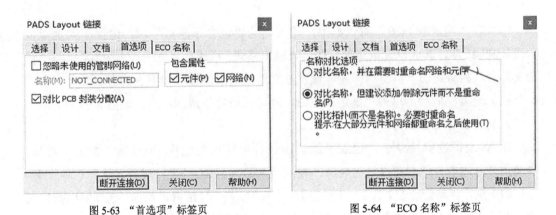

图 5-63　"首选项"标签页　　　　　　　　图 5-64　"ECO 名称"标签页

（3）PADS Logic 与 Layout 的同步过程：首先把上述 5 个标签页设置好，并选择好相关项，然后在设计界面单击"发送网表"按钮，完成后再单击"同步 ECO 至 PCB"按钮，将原理图同步到 Layout 中，最后单击"比较 PCB"按钮，查看是否有未同步过去的内容，若有，则会弹出报告。

5.7 Logic 文件的输出

1. Layout 网络表的输出

（1）执行菜单命令【工具】→【Layout 网表】，进入"网表到 PCB"对话框，如图 5-65 所示。

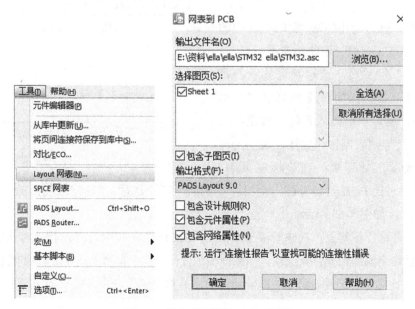

图 5-65 进入"网表到 PCB"对话框

（2）在"网表到 PCB"对话框中，建议勾选"包含子图页"项，建议不勾选"包含设计规则"项，其他设置按照默认即可，"输出格式"栏选择合适的输出版本，单击"输出文件名"栏旁边的"浏览"按钮，设置好文件的输出位置，如图 5-66 所示。

（3）设置完成后，单击"确定"按钮，就可以成功生成网络表，如图 5-67 所示。

2. 创建器件 BOM 表

BOM 表即物料清单表，记录了原理图设计中使用的元件 Value 值、数量、封装、描述信息等内容，原理图设计完成后，提供给采购人员 BOM 表，进行元器件物料采购。

（1）执行菜单命令【文件】→【报告】，进入"报告"对话框，勾选"选择输出报告文件"列表中的"材料清单"选项，然后单击"设置"按钮，如图 5-68 所示。

（2）进入"材料清单设置"对话框，如图 5-69 所示。

（3）由于默认属性中缺少 Value 值和 PCB 封装属性，所以需要添加。单击"添加"按钮，在属性列添加"Value"和"PCB DECAL"（PCB 封装），如图 5-70 所示。

（4）在"格式"标签页中，把文件格式更改为"MS-Word 合并数据格式"，如图 5-71 所示。

图 5-66　"导出网表"对话框

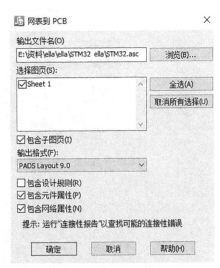

图 5-67　生成网络表

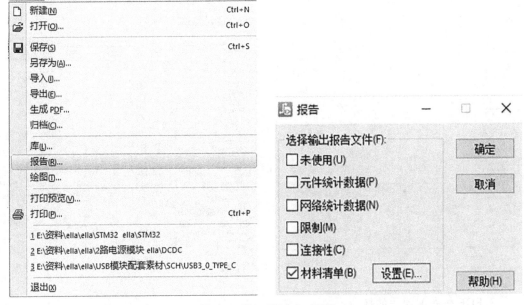

图 5-68　进入"报告"对话框

（5）在"剪贴板视图"标签页中，勾选"包含表标题"项，单击"全选"按钮，再单击"复制"按钮，此时，材料清单中的内容被复制到计算机系统的缓存内，在计算机中新建一个 Excel 表格，并打开表格，按组合快捷键"Ctrl+V"将材料清单中的内容复制到表格内，然后另存表格到系统，从而完成 BOM 表内容的输出，如图 5-72 所示。

图 5-69 "材料清单设置"对话框

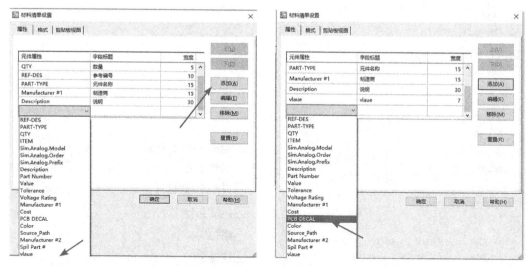

图 5-70 添加属性值

3. PDF 格式原理图的输出

Logic 设计原理图后，可以将原理图以 PDF 的格式输出，从而方便用户对原理图进行查阅。

（1）执行菜单命令【文件】→【生成 PDF】，进入"文件创建 PDF"对话框，在"文件名"栏填入文件名，并指定其保存路径，如图 5-73 所示。

（2）单击"保存"按钮，进入"生成 PDF"对话框，设置需要创建 PDF 的原理图图页、PDF 背景颜色等选项，如图 5-74 所示。

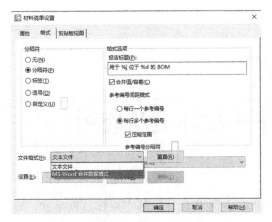

图 5-71　更改文件格式

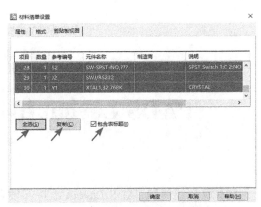

图 5-72　"材料清单设置"界面

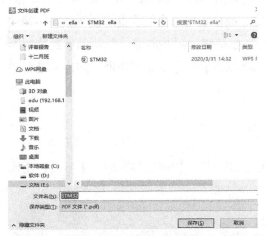

图 5-73　指定文件名和保存路径

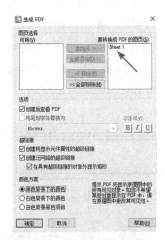

图 5-74　"生成 PDF"对话框

（3）设置完成后单击"确定"按钮，完成 PDF 文件的输出。

第 6 章

PADS Layout 组件开发环境及应用

本章介绍使用 PADS Layout 组件开发环境进行 PCB 设计的基本操作，包括默认设置、快捷键设置等，帮助读者对 PADS Layout 有一个清晰的认识。

本章从 PADS Layout 组件操作界面开始，讲解 PADS Layout 快捷键和无模命令、自定义快捷键、设计偏好选项设置、颜色设置、栅格设置、布线设置、覆铜操作、修线操作等，并且系统介绍了 PCB 封装创建过程，包括使用封装向导、手动创建封装的详细过程。学习完本章，能让读者对 PADS Layout 软件有一个非常清晰的了解，并准备进行 PCB 设计。

6.1 PADS Layout 组件操作界面介绍

PADS Layout 组件操作界面主要由标题栏、菜单栏、快捷工具区域、主要设计工作区域、输出窗口等组成，如图 6-1 所示。

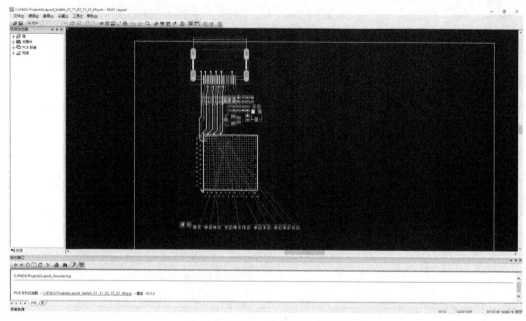

图 6-1 PADS Layout 组件操作界面

1. 标题栏

标题栏主要记录了文件的保存路径、文件名称，如图 6-2 所示。

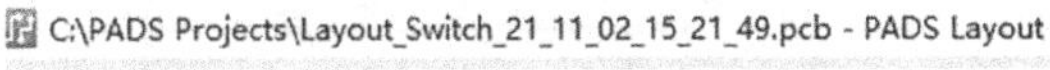

C:\PADS Projects\Layout_Switch_21_11_02_15_21_49.pcb - PADS Layout

图 6-2　标题栏

2. 菜单栏

菜单栏中包含文件、编辑、查看、设置、工具、帮助等菜单，设计中操作的所有功能都能在这几个菜单中体现。单击各菜单项，会弹出其子项，单击子项内容，可完成对应设计的操作功能，如图 6-3 所示。

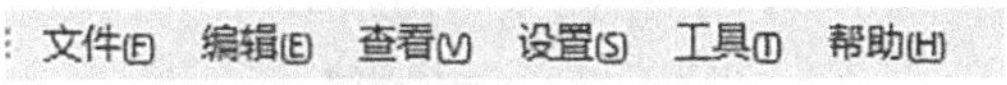

文件(F)
编辑(E)
查看(V)
设置(S)
工具(T)
帮助(H)

图 6-3　菜单栏

3. 快捷工具区域

快捷工具区域展示了很多设计快捷按钮，包含绘图工具栏、设计工具栏、尺寸工具栏、ECO 工具栏、撤销、缩放、整版视图、刷新、输出窗口、项目浏览器窗口、切换到 Router 等内容，如图 6-4 所示。

(V) Bottom
项目浏览器

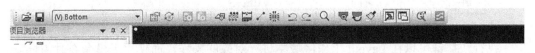

图 6-4　快捷工具区域

由于操作失误部分快捷按钮可能被关闭了，在此栏的空白区域右击，然后勾选相应工具栏，即可将其显示出来，如图 6-5 和图 6-6 所示。

标准工具栏
绘图工具栏
设计工具栏
尺寸标注工具栏
ECO 工具栏
BGA 工具栏
3D 显示控制
PADS 3D
输出窗口
项目浏览器
标注
自定义...(U)

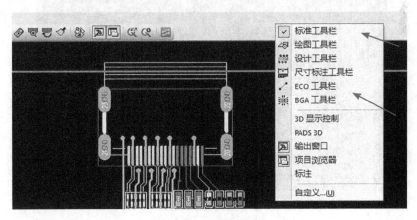

图 6-5　调用快捷工具栏

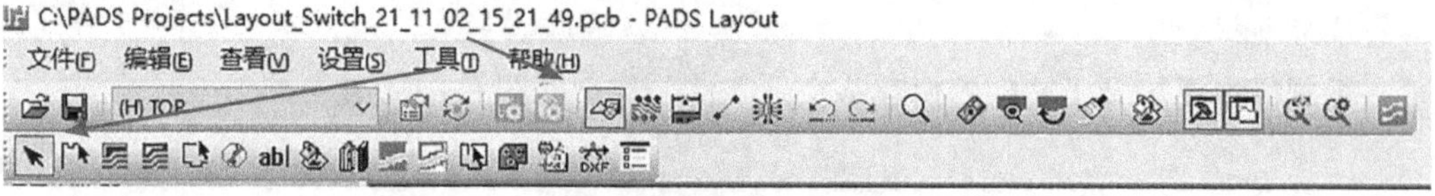

C:\PADS Projects\Layout_Switch_21_11_02_15_21_49.pcb - PADS Layout
文件(F) 编辑(E) 查看(V) 设置(S) 工具(T) 帮助(H)
(H) TOP
abl

图 6-6　绘图工具快捷键

6.2　PADS Layout 快捷键和无模命令

6.2.1　常用快捷键及无模命令

当使用 PADS Layout 软件进行设计的时候，掌握快捷键和无模命令可以提高设计速度，下面列出 PADS 中常用的快捷键，如表 6-1 所示。

表 6-1　常用快捷键

快 捷 键	功　能	快 捷 键	功　能
Ctrl+E	移动	Ctrl+L	调用自动对齐工具
F2	走线	Shift+S	修线
Ctrl+Alt+F	调用过滤工具	Ctrl+R	旋转
Tab	旋转	Tab	切换选择
Ctrl+C	复制	Ctrl+H	高亮

执行快捷键可以在 Layout 工作区域中进行对应的操作，而使用无模命令时需要操作过程中在 Layout 工作区域输入对应的字母，并按 Enter 键激活该功能，如图 6-7 所示。输入的字母不区分大小写，但需注意，输入时要将输入法切换到英文状态下。

无模命令
命令:
umm
单位格式:U{M|MM|I}

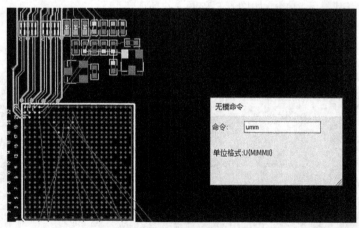

图 6-7　无模命令操作

部分常用无模命令及其对应释义如下：

UMM：将当前设计的单位切换成毫米。

UM：将当前设计的单位切换成密尔。

AA：任意角度布线。

AD：45°角布线。

AO：直角布线。

DO：通孔显示切换。

Lx：切换当前层到 x 层，如输入 L2。

Nx：NET 网络进行高亮显示，x 为要显示的信号名，如 N GND。

T：透明显示切换。

O：焊盘与布线显示效果切换，可切换填充与透明模式。

PO：覆铜显示切换，整板覆铜后，可通过此命令取消其实心填充。

SPO：显示 split/mixed planes 层的外形线，与 PO 对应。

Q：快速测量命令。

QL：快速测量配线长度，可以对线段、网络、配线进行测量。

Rx：改变显示线宽到 x，如 R15，若板子上的布线宽度小于 15，则以 0 线宽显示，其他按实际宽度显示，常用 R0 显示板子上的所有线宽。

Wx：布线线宽设置到 x，如 W10。

Gx：设计格点设置，设计时实际会捕获到的间距，如 G10。

GDx：显示格点设置，屏幕上实际看到的格点间距，如 GD10，通常与设计格点保持一致。

SSx：搜索并选中相应的位号元件，如 SS U1。

Sx：跳转到相应器件或网络，如 S D100、S D11.2。

Sxy：跳转到绝对坐标，如 S 500 500，光标会跳转到坐标位置（500，500）。

SRxy：跳转到相对坐标 x 与 y，如 SR 200 100。

SRXx：跳转到相对坐标 x，如 SRX 100。

SRYy：跳转到相对坐标 y，如 SRY 105。

SXx：y 坐标不变，移动到 x 绝对坐标的 x 处，如 SX 110。

SYy：x 坐标不变，移动到 y 绝对坐标的 y 处，如 SY 120。

6.2.2　自定义快捷键

若部分快捷键不符合操作习惯或部分功能未设置快捷键，则可自定义快捷键，设置自定义快捷键时需要注意与无模命令区分，以免冲突；若需要修改某个快捷键的功能，建议将之前的快捷键删除后再新增。

（1）执行菜单命令【工具】→【自定义】，在弹出的对话中，选择"键盘和鼠标"标签页，如图 6-8 所示。

图 6-8　选择"键盘和鼠标"标签页

（2）找到需要修改的功能，添加相应快捷键，如【文件】→【新建】，添加快捷键"="，如图 6-9 所示。

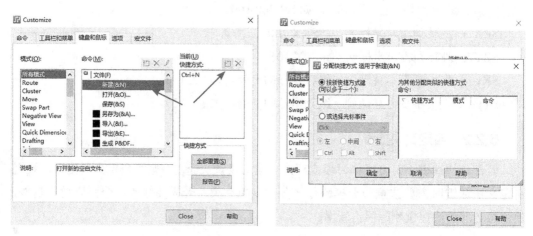

图 6-9　设置快捷键

若按键已经被占用了，则在对话框右侧内有功能提示，如图 6-10 所示。

（3）设置完快捷键后，想重置为系统默认的，则可以单击"全部重置"按钮，如图 6-11 所示。

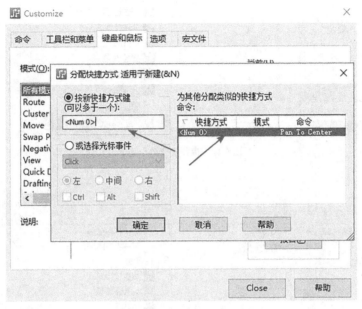

图 6-10　快捷键占用提示

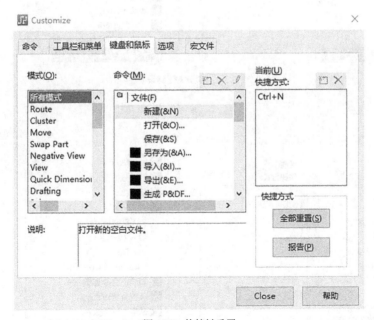

图 6-11　快捷键重置

（4）推荐大家按图 6-12 至图 6-15 所示的形式设置几个常用功能的快捷键。

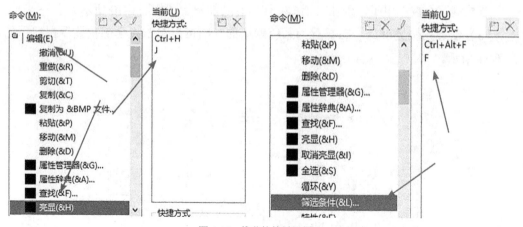

图 6-12　推荐快捷键设置 1

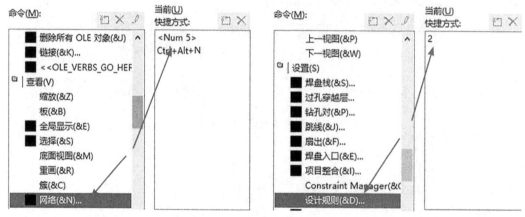

图 6-13　推荐快捷键设置 2

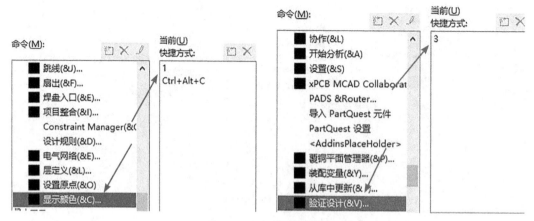

图 6-14　推荐快捷键设置 3

图 6-15　推荐快捷键设置 4

6.3　设计默认参数设置

进行设计之前，一般要对一些必要的软件设置做调整，将部分系统默认的选项调整为适合设计操作的参数，从而高效地进行设计。PADS Layout 组件的默认参数设置一般在"工具→选项"内调整，此选项页包含全局、设计、栅格和捕获、显示、布线、覆铜平面、文本和线、尺寸标注、过孔样式等，如图 6-16 所示。

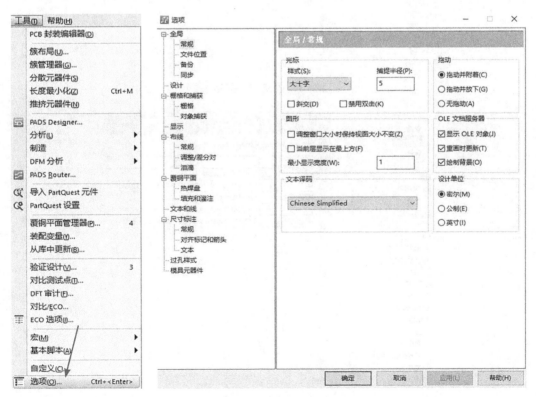

图 6-16　选项设置界面

1. 全局

全局选项有四个子选项：常规、文件位置、备份、同步。

（1）全局／常规页面建议按图 6-17 所示调整。

光标下的样式建议设置为全屏，便于设计中利用光标当参考进行对齐。最小显示宽度设置为"0"，设计单位建议选择密尔。

（2）全局／文件位置页面建议按图 6-18 所示调整。一般不用调整，采用默认设置即可。

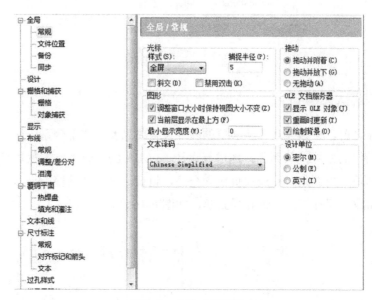

图 6-17 全局／常规页面

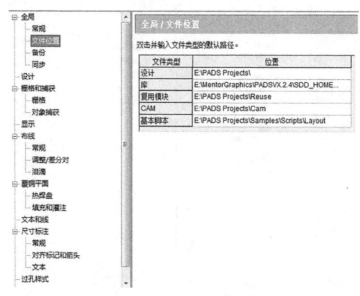

图 6-18 全局／文件位置页面

（3）全局 / 备份页面建议按图 6-19 所示调整。

备份页设置文件的自动保存，即自动备份的时间及备份数，建议设置为如图 6-20 所示即可，当软件出现异常关闭时，可寻找时间近的备份文件，以减少重复工作时间。

（4）全局 / 同步页面建议参照图 6-20 所示调整，通常采用默认设置。

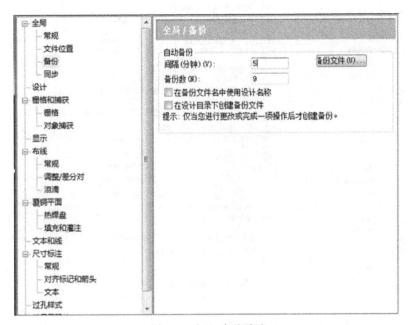

图 6-19　全局 / 备份页面

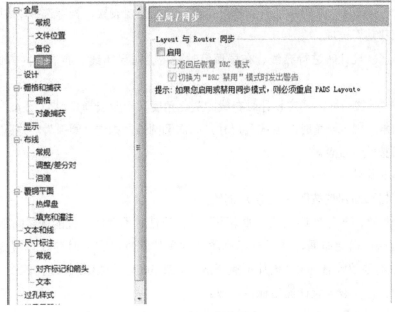

图 6-20　全局 / 同步页面

2. 设计

设计页面建议按图 6-21 所示调整。

图 6-21　设计页面

（1）元器件移动时拉伸导线：一般不勾选该项，勾选后在设计时，由于元器件的焊盘上有布线，移动元器件会导致连线随着元器件移动而移动，产生任意角度布线。

（2）移动首选项：规定移动时的基点位置。根据需要设置，推荐选择"按原点移动"或"按中点移动"选项。

（3）推挤：设计时进行布线、布局调整时是否会对已布线、布局的内容进行推挤，一般禁用。

（4）线 / 导线角度：规定设计时布线的变化角度，一般选择"斜交"，45°变化。

（5）倒角：规定倒角时的方式及尺寸，如需倒圆弧，则选"圆弧"，一般倒 45°角。其他可按默认设置。

3. 栅格和捕获

（1）栅格页面建议按图 6-22 所示调整。

捕获至栅格：一般勾选该项，如果不勾选，设计时不会按设置的栅格间距跳转。

设计栅格：指定布局、布线时鼠标跳转的单位距离，布局时建议设置为 10mil 或 25mil，布线时建议设置为 0（设计不捕获格点）或 5mil。无模命令 G 10。

过孔栅格：一般与设计栅格保持一致。

扇出栅格：按默认设置。

显示栅格：屏幕上显示出来的格点间距。一般与设计栅格保持一致。无模命令 GD10。

铺铜栅格：铜箔与禁止区域建议设置为4mil。若设置过大，当大于铺铜时的线宽时，则铺铜显示为网格铜，不为实铜。

（2）对象捕获页面建议按图 6-23 所示调整。一般默认不打开此捕获功能。

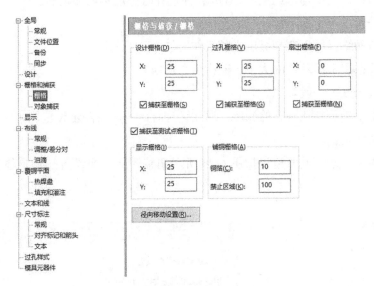

图 6-22　栅格页面

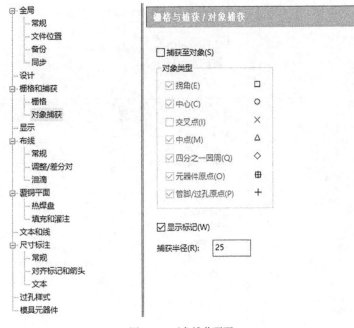

图 6-23　对象捕获页面

4. 显示

显示页面建议按图 6-24 所示调整。一般采用默认设置，不做修改。

显示页面用于网络名及管脚编号字体大小的设置，建议采用默认设置。

5. 布线

（1）布线 / 常规页面建议按图 6-25 所示调整。

生成泪滴：一般不勾选此项，PADS 软件设计时一般不添加泪滴。

显示保护带：用于显示设计时的保护带，可勾选。

亮显当前网络：用于高亮显示当前操作网络，一般勾选。

显示钻孔：用于显示孔的大小。无模命令：DO。

显示导线长度：一般勾选。

层对：用于指示打孔时孔的深度。通孔设计时，一般按图示设置，HDI 盲埋孔设计时可按实际情况设置。

（2）调整 / 差分对页面建议按图 6-26 所示调整。此页面设置蛇形走线和差分对走线的参数。

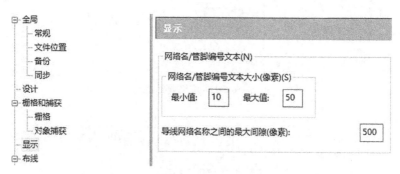

图 6-24　显示页面

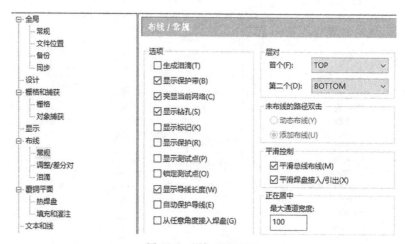

图 6-25　布线 / 常规页面

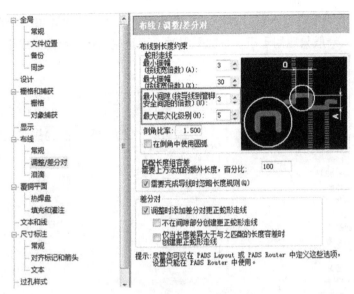

图 6-26　调整 / 差分对页面

（3）布线 / 泪滴页面建议按图 6-27 所示调整。

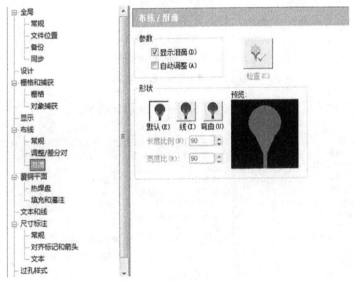

图 6-27　布线 / 泪滴页面

6. 覆铜平面

（1）覆铜平面 / 热焊盘页面建议按图 6-28 所示调整。

开口宽度：指覆铜十字连接的宽度，一般设置值大于 10mil。

开口最小值：一般设置为 2mil。

其他焊盘连接方式：正交十字连接，如需全连接，则选择过孔覆盖。

移除未使用的焊盘：多层设计时，若通孔类焊盘在对应层无信号连通，则只保留孔，焊盘消除，一般只应用于设计空间受限时，不建议勾选，可能造成生产困难及增加风险。

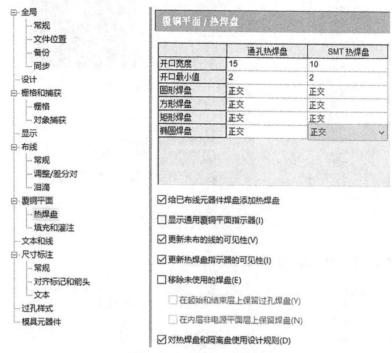

图 6-28　覆铜平面 / 热焊盘页面

（2）覆铜平面 / 填充和灌注页面建议按图 6-29 所示调整。

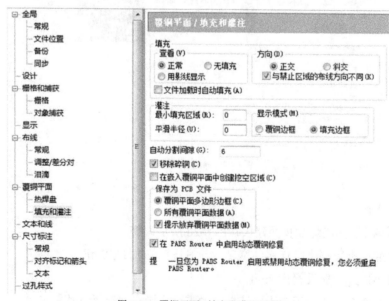

图 6-29　覆铜平面 / 填充和灌注页面

填充和灌注设置：灌注中的平滑半径设置为 0，否则会导致覆铜边缘不平滑，有毛刺。

移除碎铜：建议勾选，系统会自动将孤铜删除。

7. 文本和线

文本和线页面建议按图 6-30 所示调整。

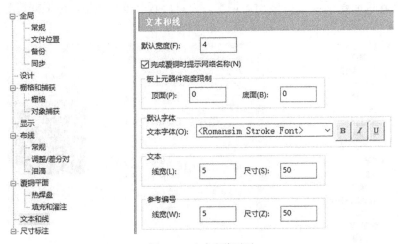

图 6-30　文本和线页面

默认宽度：建议不要设置得太大，设置为 4。

完成覆铜时提示网络名称：勾选。

文本和参考编号：一般按图示设置。

8. 尺寸标注

（1）常规页面建议按图 6-31 所示调整。

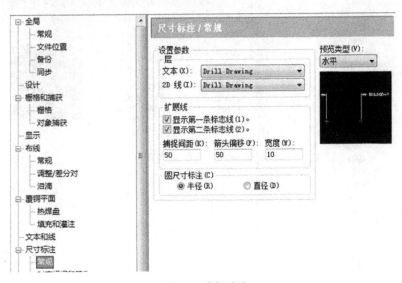

图 6-31　常规页面

（2）对齐标记和箭头页面建议按图 6-32 所示调整，一般采用默认处理。

（3）文本页面建议按图 6-33 所示调整。

一般设置文本页的精度值为 3，调整标注或测量时输出的精度。

9. 过孔样式

过孔样式页面建议按图 6-34 所示调整。设置屏蔽时过孔类型，可根据情况进行添加。

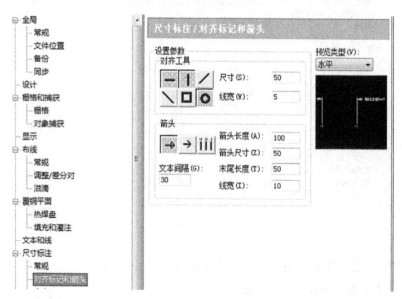

图 6-32　对齐标记和箭头页面

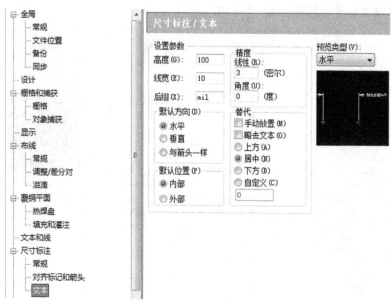

图 6-33　文本页面

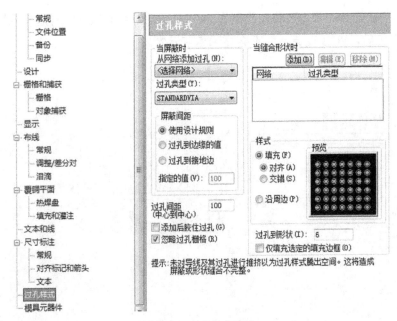

图 6-34　过孔样式页面

6.4　显示颜色设置

显示颜色设置可以方便设计者将 PCB 上重点关注的元素进行颜色区分，并使其高效阅读 PCB，从而提高设计效率。

1. 显示颜色设置

（1）执行菜单命令【设置】→【显示颜色】，如图 6-35 所示。

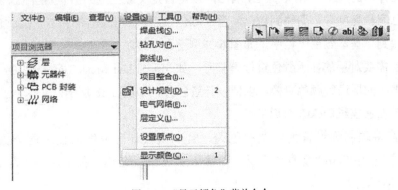

图 6-35　"显示颜色"菜单命令

（2）弹出"显示颜色设置"对话框，如图 6-36 所示，对话框中包括层对象类型、各个设计元素类型（如焊盘、过孔等）的颜色设定，并包含了辅助元素类型（如背景、选择、板框、连线和亮显）的颜色设置。在对话框左上角中的"选定的颜色"栏里显示了不同颜色，选定某一颜色，单击设置框中相应的元素方格，就可以设定元素颜色。注意：设置后，若需要将此元素在 PCB 中显示，须勾选对应的选择方格，否则，颜色设置完成后，PCB 设计界面不会显示相应元素。

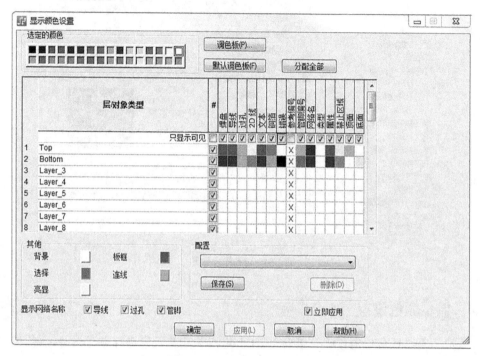

图 6-36 "显示颜色设置"对话框

（3）若"选定的颜色"处的颜色不满足设计需求，则可以单击"调色板"按钮，调整颜色。在弹出的"颜色"对话框上，单击"规定自定义颜色"按钮，就能随意设置颜色、饱和度、色调和亮度等，调整到自己满意的颜色之后，单击"添加到自定义颜色"按钮，将颜色添加到"基本颜色"栏中，如图 6-37 所示。

（4）当需要对层的显示颜色进行调整时，如 top, Solder Mask Top, Drill Drawing 等，可以找到相应的层进行颜色更换，以便设计者区分，如图 6-38 所示。

2. 显示颜色模板的保存及调用

（1）若将颜色都设置为满意的色调，且下次设计时需继续使用这个颜色模板，则在"配置"栏中单击"保存"按钮，并输入颜色模板名称，最后单击"确定"按钮，如图 6-39 所示。

（2）保存好模板后，在设计新的 PCB 时可以进行调用，将颜色方案应用于新设计中。在"配置"栏中选择之前保存的模板名称，然后单击"确定"按钮并退出，如图 6-40 所示。

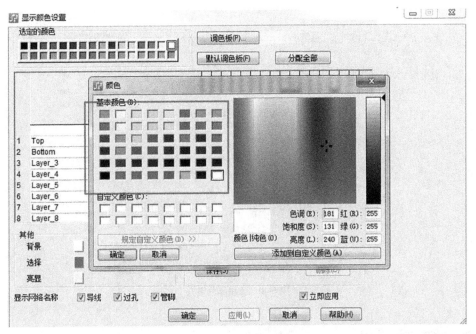

图 6-37　添加自定义调色板

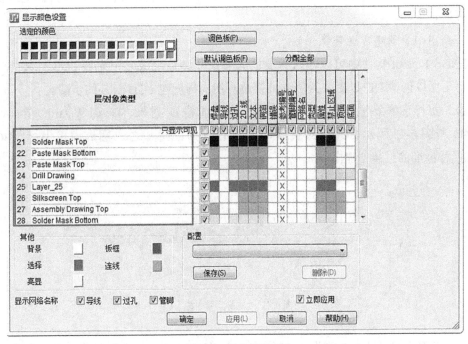

图 6-38　层的颜色设置

图 6-39　保存颜色模板

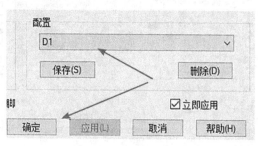

图 6-40　应用颜色模板

6.5　PCB 封装设计

PCB 封装是元件实物映射到 PCB 上的产物，是电路设计连接关系和实物电路板衔接的桥梁。

1. 利用向导创建常规封装

PADS Layout 软件中可以输入必要的封装尺寸参数生成一个元件 PCB 封装的向导工具，下面以创建 DIP-8 封装为例详细讲解利用向导创建 PCB 封装的步骤。

（1）执行菜单命令【工具】→【PCB 封装编辑器】，进入"Decal Wizard"界面，如图 6-41 和图 6-42 所示。PCB 封装编辑器具有双列、四分之一圆周、极坐标、BGA/PGA 四种标准的封装创建向导。

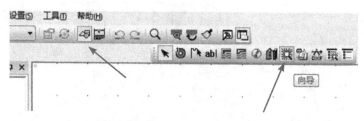

图 6-41　"向导"菜单栏

（2）DIP-8 的封装尺寸如图 6-43 所示。在"Decal Wizard"对话框选择"双列"选项卡。详细设置及参数可参照图 6-44。

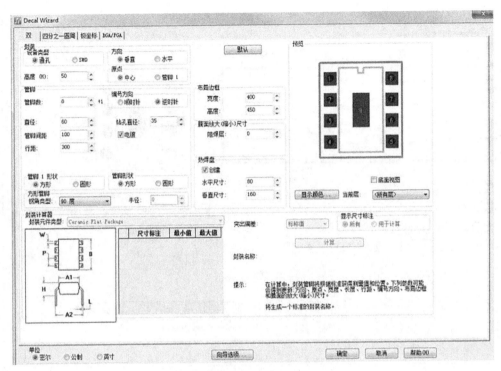

图 6-42　"Decal Wizard"对话框

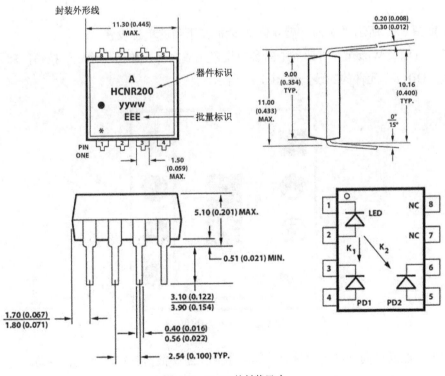

图 6-43　DIP-8 的封装尺寸

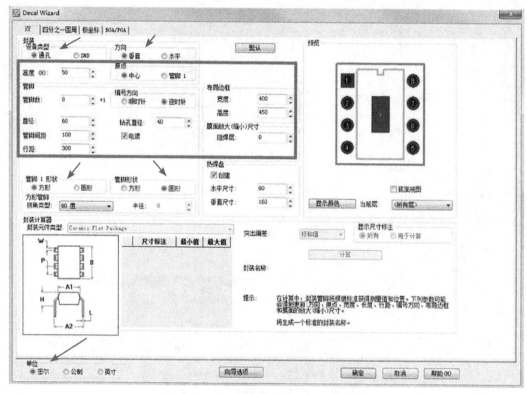

图 6-44　DIP-8 封装的"Decal Wizard"设置

注意图 6-45 所示"Decal Wizard"对话框左下角的单位设置。

（3）"Decal Wizard"对话框中的参数设置完成之后，单击"确定"按钮，软件会自动创建"DIP-8"元件的封装，如图 6-45 所示。

图 6-45　DIP-8 元件的封装

（4）一般通过向导创建的封装，其丝印情况需要根据资料尺寸进行微调。

2. 利用向导创建极坐标封装

（1）单击"绘图工具栏"图标，在"Decal Wizard"对话框选择"极坐标"选项，参数设置如图 6-46 所示。

（2）设置完成之后，单击"确定"按钮完成封装创建，如图 6-47 所示。

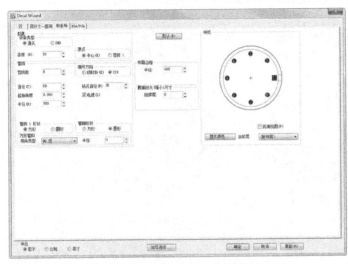

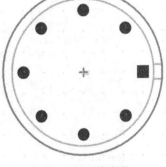

图 6-46　"极坐标"选项参数设置　　　　　　　图 6-47　极坐标封装

3. 利用向导创建 BGA 类型封装

（1）单击"绘图工具栏"图标，在"Decal Wizard"对话框选择"BGA/PGA"选项卡，参数设置可参考图 6-48。

（2）设置完成后单击"确定"按钮会自动生成 BGA 封装，如图 6-49 所示。

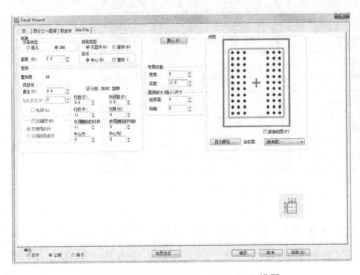

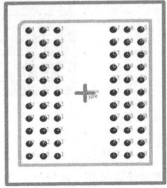

图 6-48　BGA 封装的"Decal Wizard"设置　　　　　图 6-49　BGA 封装

4.手动绘制封装

除可以利用软件自动生成封装之外，大多时候可以根据数据单独绘制封装。以 8 脚 SOP 类型器件绘制为例。

（1）SOP 尺寸如图 6-50 所示，通过分析资料，可知 PCB 封装绘制按照推荐图示尺寸进行，推荐图示下标有"RECOMMENDED LAND PATTERN"字样。

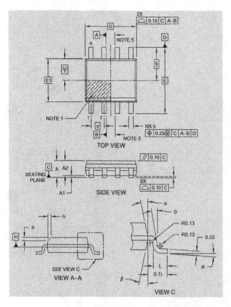

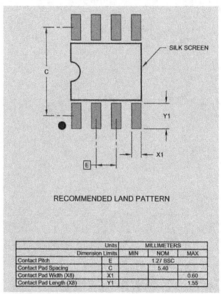

Units		MILLIMETERS		
Dimension Limits		MIN	NOM	MAX
Contact Pitch	E		1.27 BSC	
Contact Pad Spacing	C		5.40	
Contact Pad Width (X8)	X1			0.60
Contact Pad Length (X8)	Y1			1.55

Units		MILLIMETERS		
Dimension Limits		MIN	NOM	MAX
Number of Pins	N		8	
Pitch	e		1.27 BSC	
Overall Height	A	-		1.75
Molded Package Thickness	A2	1.25	-	
Standoff §	A1	0.10	-	0.25
Overall Width	E		6.00 BSC	
Molded Package Width	E1		3.90 BSC	
Overall Length	D		4.90 BSC	
Chamfer (Optional)	h	0.25	-	0.50
Foot Length	L	0.40	-	1.27
Footprint	L1		1.04 REF	
Foot Angle	φ	0°	-	8°
Lead Thickness	c	0.17	-	0.25
Lead Width	b	0.31		0.51
Mold Draft Angle Top	α	5°	-	15°
Mold Draft Angle Bottom	β	5°	-	15°

图 6-50　SOP 尺寸

（2）执行菜单命令【文件】→【库】，指定库存放的路径，并将库排序到最上层，优先级别最高。执行"工具→ PCB 封装编辑器"命令，在工具栏中单击"绘图工具栏"图标，如图 6-51 所示。

图 6-51　工具栏

（3）在绘图工具栏中，单击"端点"按钮，打开"添加端点"对话框，此封装是贴装器件，在"管脚类型"中选择"表面贴装"选项，单击"确定"按钮，将管脚放置到封装内，如图 6-52 所示。

（4）选择放入的焊盘，右击选择"特性"命令，在弹出的"端点特性"栏内输入 X、Y 坐标，单击"应用"按钮可设置单位，建议使用公制，如图 6-53 所示。

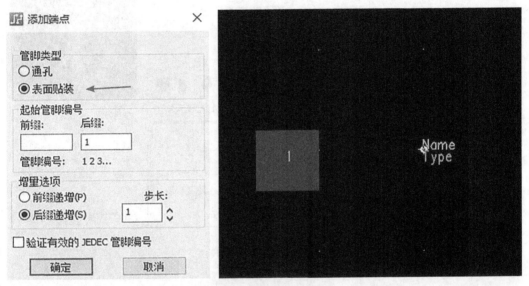

图 6-52　添加端点到封装内

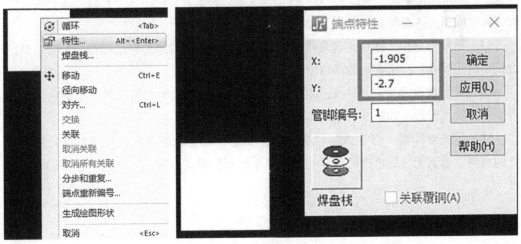

图 6-53　设置焊盘坐标

（5）再单击"焊盘栈"按钮，设置焊盘的形状及尺寸大小，如图 6-54 所示。

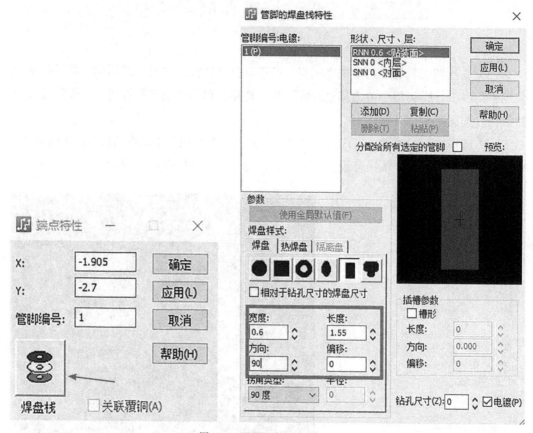

图 6-54　设置焊盘形状及尺寸

（6）设置好 1 脚位置及尺寸后，选中焊盘，选择"分布和重复"命令，在"分布和重复"对话框设置参数，单击"确定"按钮，生成 1.27mm 间距的 3 个管脚，选择 4 号管脚，再生成另外 4 个管脚，如图 6-55 和图 6-56 所示。

（7）贴片焊盘如上处理，若是插件焊盘，则需要在"管脚的焊盘栈特性"对话框内设置"钻孔尺寸"及所有层的焊盘信息，如图 6-57 所示。

（8）焊盘放置完毕，单击工具栏中的"2D 线"进行丝印绘制，丝印绘制完成后设置到相应的丝印层，如图 6-58 所示。

（9）绘制丝印后，将 1 脚标识绘制到丝印层，如图 6-59 所示。完成后核对数据单上的资料，确认无误后单击"保存"按钮保存到相应的库内。

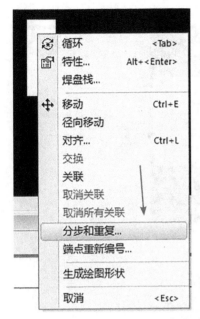

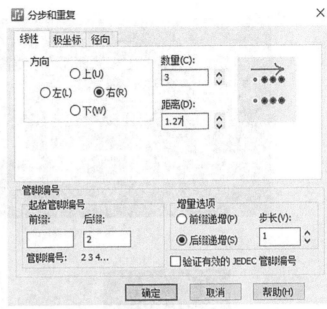

图 6-55　设置分布和重复参数

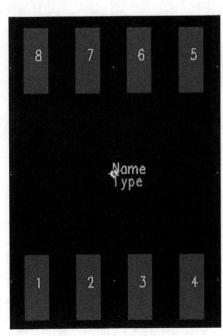

图 6-56　生成 8 个管脚

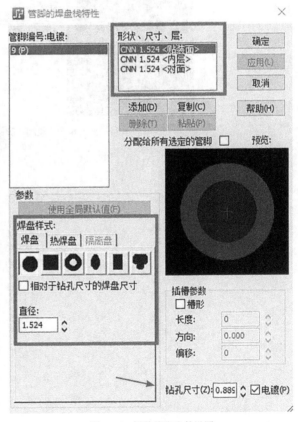

图 6-57　插件管脚参数设置

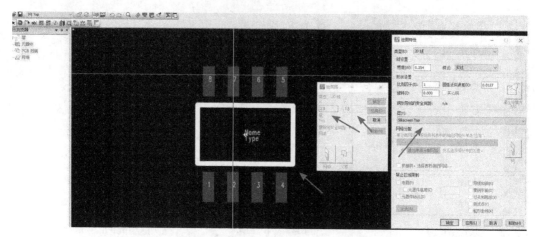

图 6-58　绘制丝印

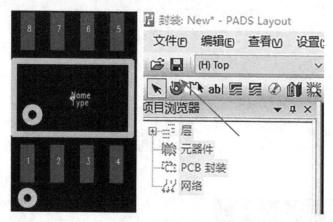

图 6-59　绘制 1 脚标识

第 7 章

PADS Layout PCB 流程化设计

本章介绍使用 PADS Layout 软件进行 PCB 流程化设计，包括 PCB 导入网表、器件布局、规则设置、布线扇孔、光绘文件输出、IPC 网表生成、PDF 文件导出等操作，从而帮助初学者快速掌握利用 PADS Layout 进行 PCB 设计开发操作。

使用 Orcad 或 PADS Logic 软件设计完原理图文件后，可导出网表，然后生成对应的 PCB 文件，以便于设计师进行 PCB 信号连通处理。本章从 PADS Layout PCB 导入开始，讲解导入网表生成 PCB、板框设置、叠层设置、DRC 检测、Gerber 文件设置与生成、PDF 文件输出、IPC 网表输出等 PCB 设计流程方法，学习完本章，可以让读者对 PADS Layout 软件有一个非常清晰的了解，以及对 PCB 设计方法及技能有一个初步掌握。

7.1 PCB 设计前处理

7.1.1 结构板框导入

设计 PCB 时，一般有结构限制要求，以便与外壳装配，进行设计前，需先导入结构师提供的结构文件（一般是 .DXF 或 .DWG 格式文件）。

（1）执行菜单命令【文件】→【导入】，如图 7-1 所示。

（2）弹出"文件导入"对话框，如图 7-2 所示，选择要导入的文件，单击"打开"按钮。

图 7-1　导入文件

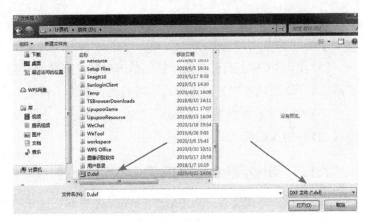

图 7-2　"文件导入"对话框

弹出"DXF 导入"对话框，如图 7-3 所示，根据实际情况选择需要导入的元素及导入的层，再单击"确定"按钮完成导入。注意，导入时的单位一般选择"公制"，因结构设计时默认采用公制单位，故单位选择错误会导致导入图像比例不正确。若采用"公制"时导入执行不了，则可先将结构文件导入 AD 软件，再转入 PADS 软件。

（3）将板框导入 PCB 后，结构文件的图形会转到 PCB 文件对应的层（上一步操作时选择的层），在"显示颜色"功能里打开对应的层并设置好层颜色，以便将对应元素与其他层元素区分，随后可利用导入结构图的 2D 线转换设置板框。

（4）在已经导入板框的 PCB 中，选中需要转换成板框的 2D 线，单击右键，随即在弹出的菜单栏中选中"关闭"命令，如图 7-4 所示，就可以将 2D 线闭合成一个封闭外形。注意，此时需保证导入的板框图形为封闭图形，如果图形不封闭，则会导致此操作无法正确完成。

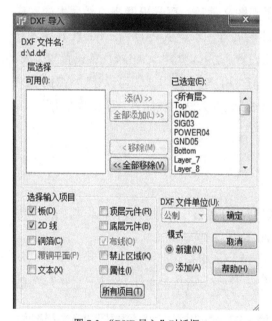

图 7-3 "DXF 导入"对话框

图 7-4 "关闭"命令

（5）单击 PCB 上的空白处，然后单击右键，在弹出的菜单栏内选择"选择形状"项，然后选中 2D 线转换的封闭外形，单击右键，选择"特性"命令，如图 7-5 所示。

（6）弹出"绘图特性"对话框，如图 7-6 所示，在"类型"栏中选择"板框"选项，完成 2D 线转换成板框。

7.1.2 结构板框导入 PCB 图形不完整处理

有时 DXF 格式文件导入 PADS Layout 内时部分图形会出现缺失、不完整，出现这些问题的原因是 AutoCAD 软件绘制的图形有部分元素与 PADS Layout 组件不兼容，此时只需要在 AutoCAD 软件内将不兼容的元素转换为 PADS Layout 组件兼容的元素即可。

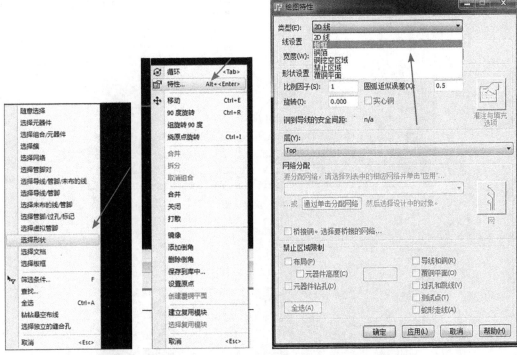

图 7-5　选择形状和编辑特性　　　　图 7-6　"绘图特性"对话框

（1）利用 AutoCAD 软件打开结构文件，在其底部命令栏输入字母"wmfout"，按 Enter 键确认，如图 7-7 所示。

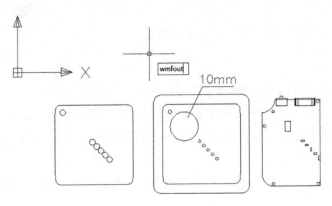

图 7-7　执行 wmfout 命令

（2）保存输出文件到对应目录，如图 7-8 所示。

（3）框选全部结构元素，按 Enter 键确认，如图 7-9 所示。

图 7-8　保存文件

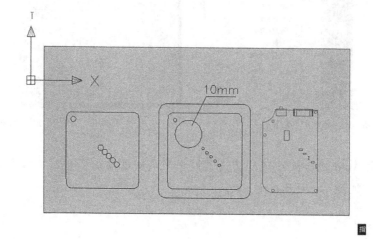

图 7-9　框选结构元素

（4）新建一个 DXF 文件，然后单击"打开"按钮，如图 7-10 所示。

（5）在其底部命令栏输入字母"wmfin"，选择刚刚生成的文件，如图 7-11 所示。

（6）在文件中单击任意一个点（推荐选择坐标原点附近），然后一直按 Enter 键，导入选择的文件，如图 7-12 所示。

（7）导入的图形是一个整体，输入" X "命令，按 Enter 键，选择导入的图形，按 Enter 键，将其打散。

（8）对新文件与原始文件进行标注，选同样的尺寸，用计算器算出比例（原来的 / 生成的），如图 7-13 所示。

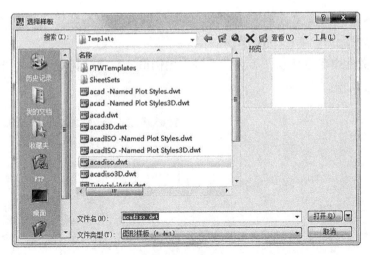

图 7-10　新建文件

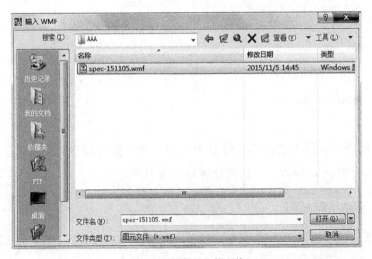

图 7-11　选择导入的文件

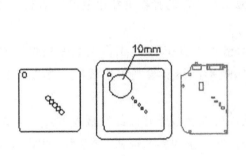

图 7-12　导入文件

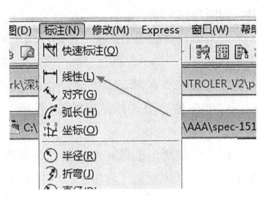

图 7-13　标注尺寸

（9）输入"SC"命令，按 Enter 键，在新建的文件中再框选全部元素，按 Enter 键确认，将比例还原，如图 7-14 所示。

（10）在文件中单击任意一个点，再输入比例值（精度控制多几位），按 Enter 键确认，如图 7-15 所示。

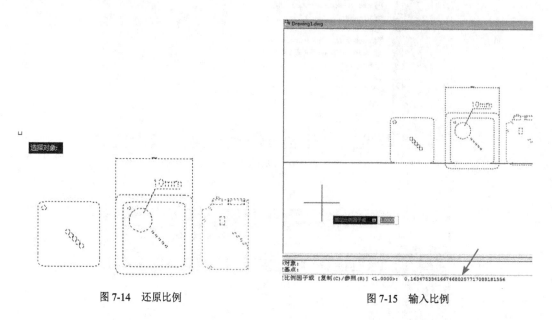

图 7-14　还原比例　　　　　　　　　　　　图 7-15　输入比例

（11）对比新、旧两个文件的尺寸是否一致，若一致即保存。此时，生成的图形元素都可以导入 PCB 内，导入前，需检查图形是否封闭。

7.1.3　手动绘制板框

部分板框是规则图形，如规则的长方形，此时，不需要制作 .DXF 格式文件，可直接在 PADS Layout 组件内进行绘制。

（1）打开 PADS Layout 组件，执行菜单命令【文件】→【新建】，新建一个 PCB 文件，如图 7-16 所示。

（2）单击"绘图工具栏"按钮，调出对应工具栏，选择板框和挖空区域功能，如图 7-17 所示。

（3）在工作区域设置好设计格点及显示格点，再在 PCB 工作区域空白位置右击，在弹出的界面选择相应的绘制形状，如矩形，然后绘制矩形板框，如图 7-18 所示。

（4）所绘制的板框如没设置好显示颜色，可能会被隐藏。绘制板框的线宽可调整为 1mil，选中板框，右击选择"特性"命令，在弹出的界面选择"父项"，如图 7-19 所示。

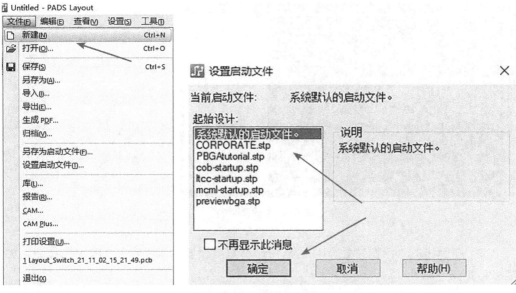

图 7-16　新建文件

图 7-17　板框和挖空区域功能

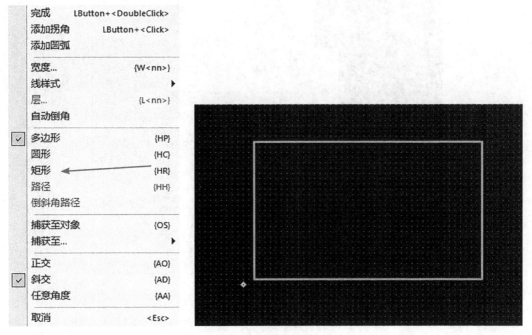

图 7-18　绘制矩形板框

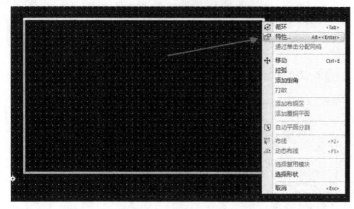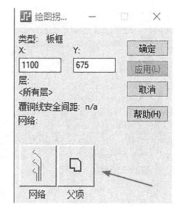

图 7-19　修改板框特性

（5）在弹出的"绘图特性"对话框中，将宽度设置为1，单击"应用"按钮，如图 7-20 所示。

（6）如果板框在"筛选器"中未被勾选，则会导致其在 PCB 设计界面可见但没被选中，此时可进行"筛选器"设置，按组合快捷键"Ctrl+Alt+F"或在 PCB 设计界面右击选择"筛选条件"，调出筛选工具，将"板边框"项勾选，单击"关闭"按钮，然后在 PCB 设计界面右击选择"随意选择"，如图 7-21 所示。

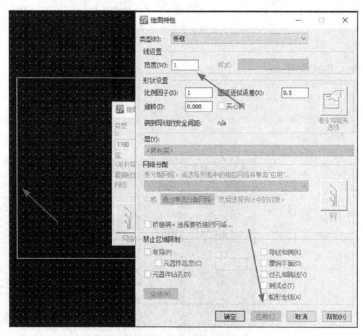

图 7-20　修改板框线宽

图 7-21　筛选元素

7.1.4　原点设置

设计 PCB 时，建议将原点的位置设置在 PCB 的左下角，以便于后期设计及生成生产文件。

（1）执行菜单命令【设置】→【设置原点】，如图 7-22 所示。在合适位置单击左键放置原点，接着会弹出一个询问对话框，确认是否将相应的点设置为原点，单击"是"按钮，完成原点设置。

图 7-22　"设置原点"菜单命令

（2）若需将原点设置到板框左下角，则可在 PCB 空白处单击右键选择"选择板框"项，单击板框中左下角 *x* 轴与 *y* 轴的交点处，执行设置原点的命令，单击"是"按钮，完成设置，如图 7-23 所示。

（3）若需将原点设置到 PCB 上的特定坐标位置，则可执行菜单命令【设置】→【设置原点】选项，然后输入无模命令"S x y"，如 S 50 25，再按 Enter 键和空格键（Space），注意，输入无模命令后不要移动鼠标位置，只须键盘控制，然后会弹出提示，单击"是"按钮，从而完成设置，如图 7-24 所示。

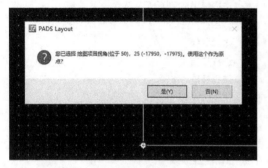

图 7-23　设置原点位置到板框左下角

图 7-24　设置原点位置到特定坐标

7.1.5　叠层设置

多层板设计之前，可以先设置计算好的叠层，以方便后期设计。

执行菜单命令【设置】→【层定义】，弹出"层设置"对话框，如图 7-25 所示。

图 7-25　"层设置"对话框

名称：对选中的层进行名称修改。

电气层类型：一般采用默认选项，不必修改，也不影响层的使用。

平面类型：推荐使用"无平面"类型。"CAM平面"一般负片设计时使用；"分割/混合"层一般使用在电源与地平面，需要将相应的网络通过"分配网络"按钮将网络关联到相应层，如不进行关联设置，则不能对网络在此平面进行布线连通操作，如图 7-26 所示。

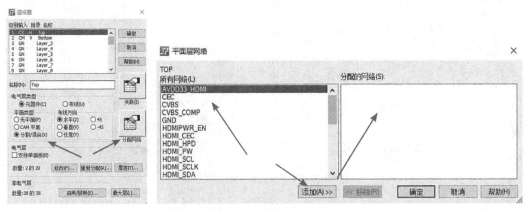

图 7-26　分配网络到相应层

电气层：可通过此栏进行叠层的增加及删除操作，删除层时，须将此层内所有元素清除，若层存在布线或铜皮等，则不能删除。一般只对层数进行修改，不使用其他按钮，如图 7-27 所示。添加完层后，可对层名称进行修改。

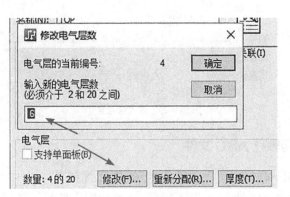

图 7-27　修改电气层数

非电气层：可将不用的层进行隐藏或启用，也可将设计层数设置到最多，以满足多层板项目的设计需求。建议设计时将层数设置到最大，若导入器件时，调用的库是从其他项目中提取的（库可能处于最大层模式），而层未设置最大层，则会导致导入网表时无法将器件导入 PCB，如图 7-28 和图 7-29 所示。

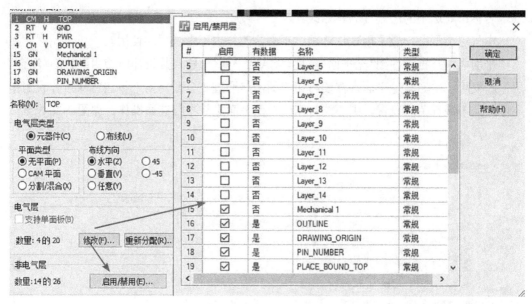

图 7-28　启用 / 禁用非电气层

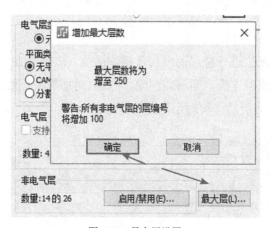

图 7-29　最大层设置

7.1.6　导入网表或 ASC 文件

PADS Layout 导入网表即将原理图与 PCB 进行同步，具体步骤可参考 "PADS Logic 与 layout 同步操作" 内容。除导入 Logic 原理图文件外，还可将 OrCAD 原理图导出的 ASC 文件导入 Layout 内。

（1）执行菜单命令【文件】→【导入】，弹出 "文件导入" 对话框，如图 7-30 所示。选择导入的网表文件（后缀为 ".asc" 格式的文件）之后，单击 "打开" 按钮，完成网表的导入。

（2）导入前须提前设置好库，调用项目中的库文件，并将其上移至库路径中的第一项，保持其最高优先级，如图 7-31 所示。

图 7-30　"文件导入"对话框

图 7-31　指定库路径

（3）导入时如有报错，则会弹出报错警告文件，错误详情可按弹出的文件内容逐条修正。

7.1.7　ECO 网络表导入：更新 PCB 文件

若原理图非 Logic 格式，由其他软件生成的 .ASC 文件导入，在设计中有更改，需要更新 PCB，则可利用 ECO 网络对比功能进行 PCB 更新。

（1）执行菜单命令【工具】→【对比 /ECO】，将当前正在设计的 PCB 文件和更新中的 PCB 文件对比（如通过 .ASC 网表生成的 PCB 文件），输出选项勾选 "生成 ECO 文件" 选项并设置好 ECO 文件存放的路径，若需要查看更新的内容，可勾选 "生成差异报告" 选项，"对比" 页面要勾选 "仅对比 ECO 注册元件" 选项、"对比网络计划" 选项和 "对比元件封装" 选项，如图 7-32 所示，设置好后，重新返回 "文档" 页面，单击 "运行" 按钮，生成差异报表和 ECO 文件。

（2）运行后会弹出差异提示，若有差异，可单击 "显示报告" 按钮，查看差异内容是否是更新过的内容，如图 7-33 所示。

（3）确认好后，可在设计中的 PCB 导入 ECO 文件，导入前设置好设计时使用到的库内容，导入 ECO 文件后即可将更改的内容导入设计中的 PCB 内，如图 7-34 所示。

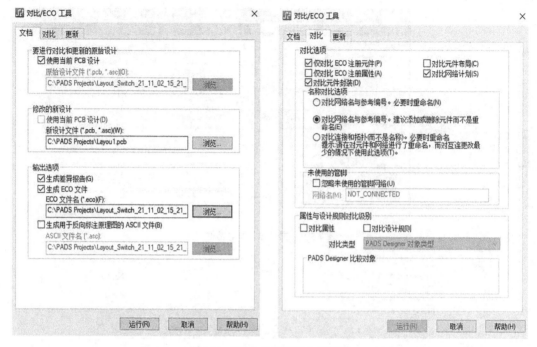

图 7-32 "对比 /ECO 工具"对话框

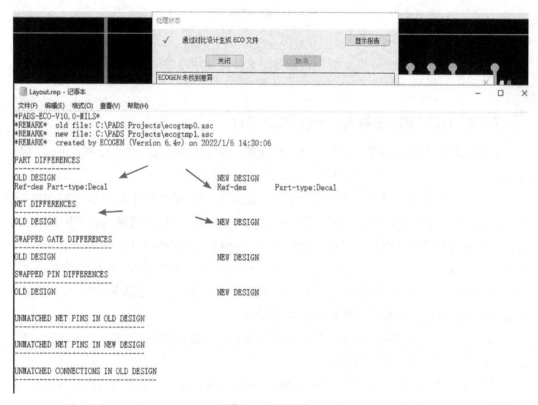

图 7-33 差异报告

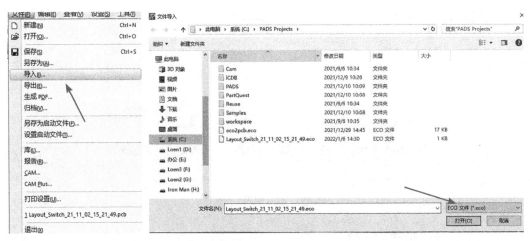

图 7-34　导入 ECO 文件

7.2　常用设计规则设置

设计规则能体现设计时的生产工艺，一般要匹配加工工厂的生产能力，设计的值应在加工工厂的极限生产能力之上。

（1）执行菜单命令【设置】→【设计规则】，如图 7-35 所示。

（2）弹出"规则"对话框，如图 7-36 所示。

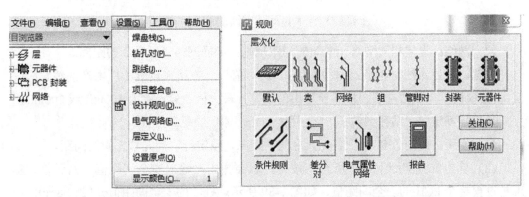

图 7-35　"设计规则"菜单命令　　　　　　图 7-36　"规则"对话框

"规则"对话框中提供了默认、类、网络、组、管脚对、封装、元器件、条件规则、差分对、电气属性网络、报告几类规则类型，常规设计中一般会根据情况设置"默认""类""网络""条件规则"这几项，其他项使用得比较少。

7.2.1　默认规则设置

默认规则是设计中最常用的设置，每个设计项目基本都会用到。

（1）单击"默认"按钮，弹出"默认规划"对话框，如图 7-37 所示。再单击"安全间距"按钮，就会弹出"安全间距规则：默认规则"对话框，如图 7-38 所示。

图 7-37 "默认规则"对话框

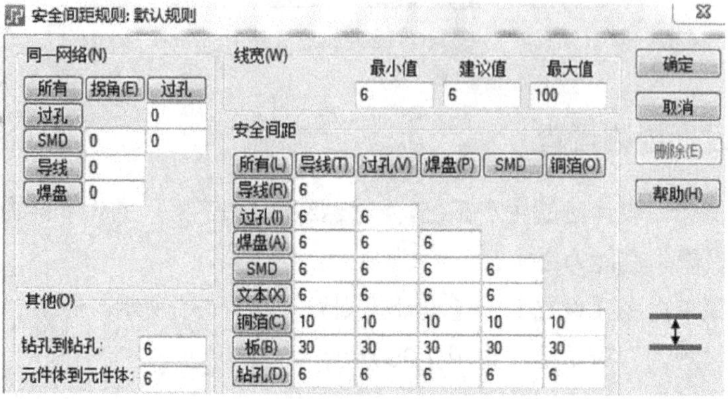

图 7-38 "安全间距规则：默认规则"对话框

同一网络：设置相同网络元素间的间距规则，如同网络"过孔"的距离。

线宽：设置布线时整板的布线宽度，"最小值"一般用来设置工厂生产的线宽极限值，"建议值"一般按叠层、板厚计算出的线宽，最大值一般设置为 100mil 或 200mil。

其他：规定了"钻孔到钻孔""元件体到元件体"的距离规则。

安全间距：规定了 PCB 上各元素之间的距离，设定行、列元素之间的间距。

（2）单击安全间距下的"所有"按钮，就会弹出"输入安全间距值"对话框，意思是设置整个 PCB 的安全间距值，如图 7-39 所示。推荐的安全间距值一般为 8mil，中等难度的高速高密板设置为 6mil，有一些具有 BGA 的高密板需要设置为 4 ～ 5mil。板框与所有元素的距离建议设置为 40mil，大概意思就是走线和元器件及铜皮距离板框保持 40mil 的间距。"铜箔"与所有元素设置为 12 ～ 20mil，与"过孔"设置为 5 ～ 6mil，建议设定的间距值大于 4mil，因大部分生产厂家的生产工艺都能满足此工艺要求，若小于 4mil，有可能导致生产成本升高或生产周期加长，如图 7-39 所示。

（3）单击图 7-37 中的"布线"按钮，弹出"布线规则：默认规则"对话框，如图 7-40 所示。一般此规则只对"选定的层"及"选定的过孔"内容进行设置。

选定的层：设置可以进行布线连通信号网络的层，若有某个层不进行连通处理，则

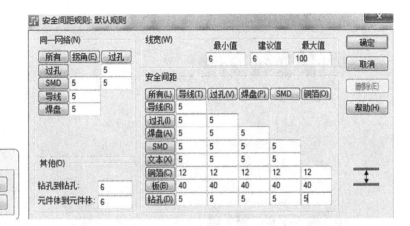

图 7-39　设置安全间距值

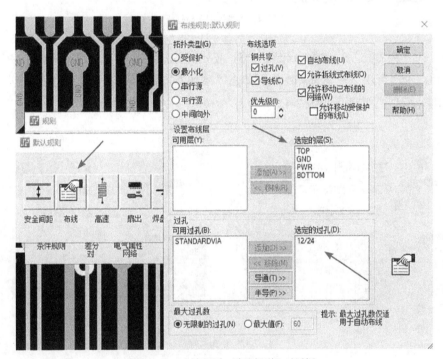

图 7-40　"布线规则：默认规则"对话框

可选中后单击"移除"按钮，将其移到"可用层"栏中。

选定的过孔：设置布线换层时可调用的过孔类型，若有多余的过孔类型，则可选中后单击"移除"按钮，将其移到"可用过孔"栏中。

7.2.2　类规则设置

在设计时，有部分信号是同一组或同一属性的，其规则与普通信号有区别，此时可通过类添加对类进行单独规则设置。

（1）单击"类"按钮，弹出"类规则"对话框，如图 7-41 所示。

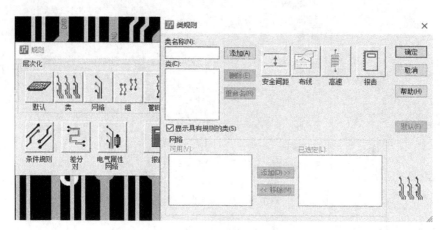

图 7-41 "类规则"对话框

（2）在"类名称"栏中输入相应名称，单击"添加"按钮，在"类"栏中会显示添加的类组。在"可用"栏里选择网络，单击"添加"按钮将网络添加到"已选定"栏内，并将网络分配到类组里，如图 7-42 所示。

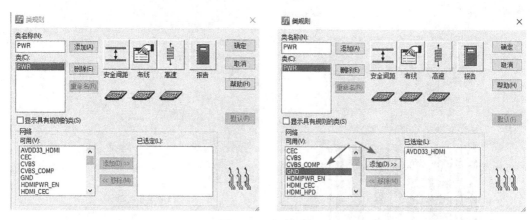

图 7-42 添加类规则

（3）分配好网络后，单击"安全间距"按钮，进行此类的规则设置，按实际需求进行调整就可以，设置好后，类里的网络分配规则与其他网络约束规则可以区分，如图 7-43 所示。

7.2.3 网络规则设置

若需要对某一特定网络设置约束规则，则可在网络规则中进行。

单击"网络"按钮，弹出"网络规则"对话框，如图 7-44 所示，在"网络"列表中选择需要设置网络规则的信号，如 CEC，再单击"安全间距"按钮或"布线"按钮，

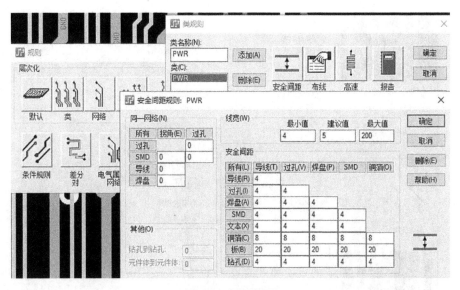

图 7-43　类规则设置

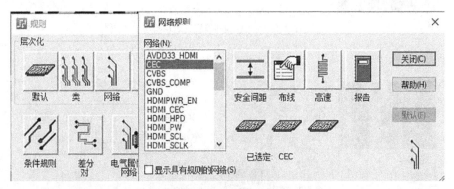

图 7-44　"网络规则"对话框

即可对此网络进行单独约束规则设置。

7.2.4　条件规则设置

设计多层板时，需要对不同层设置不同线宽和间距规则，可以通过对特定网络或类在不同层设置约束规则进行区分，此时可在条件规则内进行设置。

（1）单击"条件规则"按钮之后，弹出其对应的对话框，如图 7-45 所示。

（2）在"源规则对象"下选择需要设置的元素对象，如"网络"，再在"针对规则对象"下选择此对象需要设定约束规则的层，然后单击"创建"按钮，则会在"现有网络集"栏中生成相应的规则，如图 7-46 所示。

（3）选择合适的"现有网络集"对象，单击"矩阵"按钮，在弹出的对话框中设置约束值，设置完成后单击"确定"按钮，如图 7-47 所示。

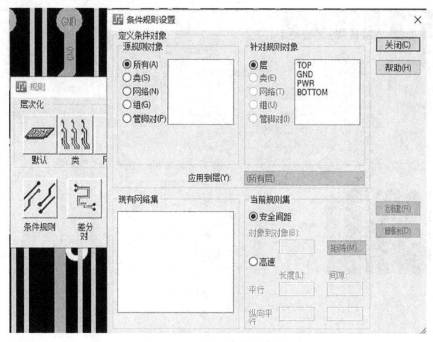

图 7-45 "条件规则设置"对话框

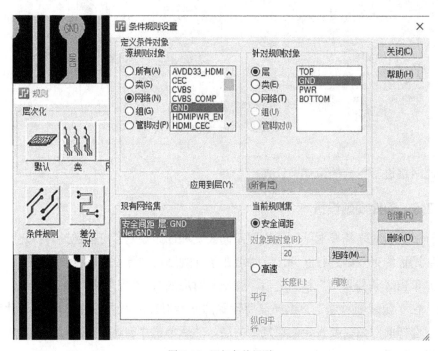

图 7-46 添加条件规则

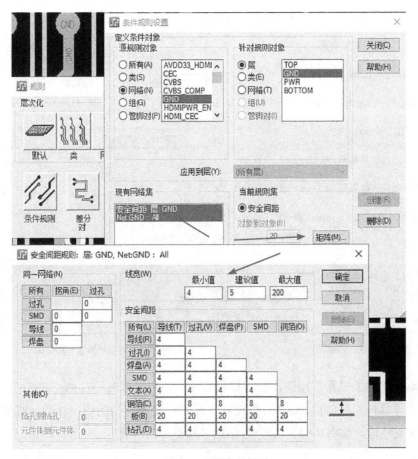

图 7-47　设置条件规则

7.2.5　过孔设置

在信号连通布线过程中，部分信号需要换层布线，此时需要打过孔将信号连通到其他层。设计开始前，一般先将设计中要用到的过孔设置好。设置过孔时，首先要满足工厂的加工生产能力，对于过孔，要选择合适的板厚孔径比。现在一般工厂板厚孔径比的加工能力在 10：1 左右。同一设计中选用的过孔数量不宜过多，一般不多于 3 种。常规过孔的大小为 8/16mil、10/22mil、12/24mil，特殊情况下可选用 8/14mil、10/20mil、10/18mil 类型，HDI 设计一般选用 4/10mil、4/8mil 类型激光孔。优先选择过孔孔径大的类型，可提高生产的合格率，减少生产成本。2 层板原则上选择 12/24 类型过孔设计。选择过孔类型及设计数量应考虑其载流能力。为保证设计余量，空间大时会按计算数量的 2 倍处理，过孔常规选择可参考图 7-48。

（1）在 PADS Layout 中设置过孔时，首先执行菜单命令【设置】→【焊盘栈】，如图 7-49 所示。

（2）弹出的"焊盘栈特性"对话框如图 7-50 所示，在焊盘栈类型中选择"过孔"。

需要根据 PCB 设计的密度来进行设置，密度较小，板子较松，可将线宽线距设置得大一点。

反之亦然，常规可按以下阶梯设置：

（1）8/8mil，过孔选择 12mil（0.3mm）。

（2）6/6mil，过孔选择 12mil（0.3mm）。

（3）4/4mil，过孔选择 8mil（0.2mm）。

（4）3.5/3.5mil，过孔选择 8mil（0.2mm）。

（5）3.5/3.5mil，过孔选择 4mil（0.1mm，激光打孔）。

（6）2/2mil，过孔选择 4mil（0.1mm，激光打孔）。

过孔孔径	温升 10 度情况	
	计算值	设计推荐值
10mil	1.1848	1
12mil	1.3415	1.2
16mil	1.5521	1.4
20mil	1.7646	1.5

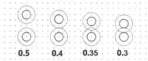

图 7-48　过孔类型选择及载流情况

如图 7-49　"焊盘栈"菜单栏

图 7-50　"焊盘栈特性"对话框

（3）单击"添加过孔"按钮，在"过孔名称"栏内输入名称，如"12/24"，然后选择合适的"焊盘样式"，再修改"钻孔尺寸"栏和"直径"栏的值，注意，需要修改所有层的焊盘直径值，如图 7-51 所示，可添加多种类型的过孔。

7.3　布局基本操作

1. 筛选功能

设计时，PCB 上有元器件、布线、过孔、字符、铜皮等元素，进行多选操作时，容易误选不需要的元素，而过滤器可以将需要进行操作的元素从 PCB 上其他元素中过滤出来，提高选择时的效率。

（1）执行菜单命令【编辑】→【筛选条件】，也可在无任何操作或无任何选中对象的情况下，在 PCB 空白处单击右键，执行"筛选条件"命令，或者使用组合快捷键"Ctrl+Alt+F"，如图 7-52 所示。

（2）弹出"选择筛选条件"对话框，可对元素及相应层进行筛选，如未勾选，则相应的元素只可见不能选中操作，如图 7-53 所示。

（3）也可在无任何操作或无任何选中对象的情况下，在 PCB 空白处单击右键，然后选择相应选项，对需要的元素进行过滤，如图 7-54 所示。

若在进行 PCB 操作时，设计元素可见但无法选中，则可以从以上方式中查看筛选条件。

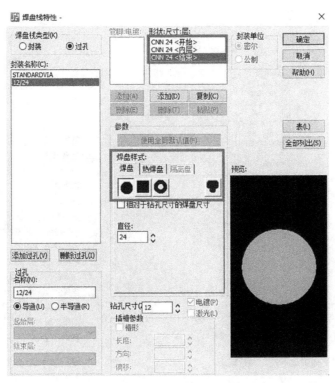

图 7-51　过孔设置

图 7-52　执行"筛选条件"命令

2. 原理图与 PCB 同步设置

布局时一般需要 PCB 与原理图同步进行协作处理，提高布局效率。可同时打开
PADS Logic 格式原理图与 PADS Layout 格式 PCB 文件，在 PADS Logic 内执行菜
单命令【工具】→【PADS Layout】，然后设置"选择"页面，与原理图同步的 PCB

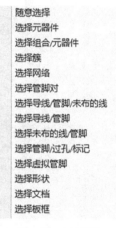

图 7-53 "选择筛选条件"对话框　　　　　　　　图 7-54　右键筛选

需检查，以防文件不对应，一般同步操作时，只打开一个 PCB 与一个原理图文件，如图 7-55 所示。

3. 布局设置

（1）布局时需要参考结构要求，通常结构设计时会采用公制单位。在放置结构件时利用无模命令"umm"可以将单位设置为 mm，将格点设置为 0.1mm 或 0.01mm，视结构精度要求而定；在布局非结构件时，利用无模命令"um"可以将单位设置为 mil，将格点设置为 25mil 或 10mil，视设计密度而定。

（2）移动元器件时可设置移动的参考基点位置，在"选项"对话框中的"设计"标

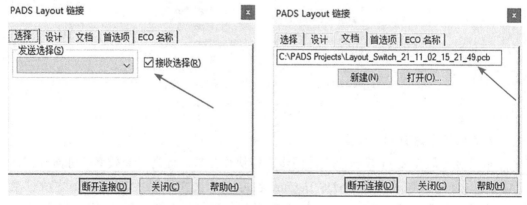

图 7-55　同步设置

签页，按照图 7-56 所示进行设置。

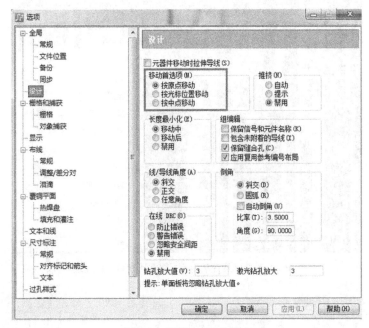

图 7-56　设置移动参考基点

4. 移动元器件

（1）单击快捷工具栏内的"设计工具栏"按钮，执行"移动"命令，或者使用组合快捷键"Ctrl+E"，然后在 PCB 设计界面选中元器件，即可对 PCB 内的元器件进行位置调整，如图 7-57 所示。注意，移动元器件前，要检查是否过滤导致元器件无法选中、是否设置好移动格点，以及是否设置好移动的基点。

图 7-57　位置调整

（2）移动元器件时，选中元器件后右击，选择"翻面"命令，或者使用组合快捷键"Ctrl+F"，即可将元器件从 Top 面切换到 BOTTOM 面，如图 7-58 所示。

5. 旋转元器件

单击快捷工具栏内的"设计工具栏"按钮，执行"旋转"命令，或者使用组合快捷键"Ctrl+R"，然后在 PCB 设计界面选中元器件，即可对 PCB 内的元器件进行方向调整。可在移动元器件的过程中配合使用旋转，旋转完成后，将元器件放置到合适的位置，如图 7-59 所示。

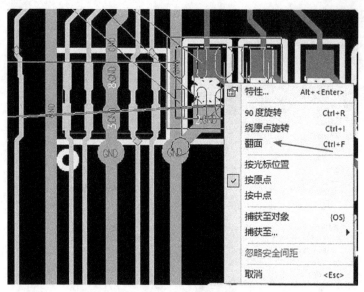

图 7-58 将元器件从 Top 面切换到 BOTTOM 面

图 7-59 旋转元器件

6. 胶黏元器件

布局时有部分元器件有结构位置要求，在放置好元器件后，为防止元器件被工程师误移，可将其胶黏固定。选中需要胶黏的元器件后右击选择"特性"，或者选中元器件后使用组合快捷键"Ctrl+Q"，进入"元器件特性"对话框，勾选"胶黏"选项，如图 7-60 所示。

7. 对齐元器件

为了布局美观，设计时会根据情况对元器件进行对齐处理，设计师可以利用格点，然后抓取元器件中心，将元器件放置到格点上，完成元器件对齐，也可以使用对齐工具，将元器件快速对齐。在 PCB 中选中需要对齐的元器件（2 个以上）并右击，在弹出的快捷菜单中选择"对齐"命令，或者使用组合快捷键"Ctrl+L"，弹出"对齐元件"工具按钮，如图 7-61 所示，单击合适的对齐方向，即可完成元器件的快速对齐。

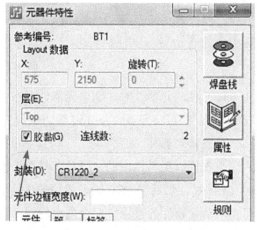

图 7-60 "元器件特性"对话框

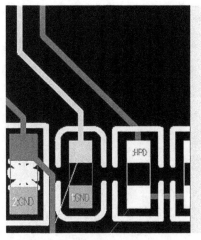

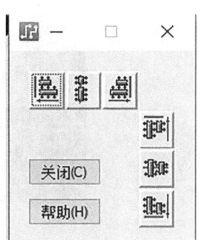

图 7-61　元器件对齐

8. 分散元器件

布局时，由于有部分元器件堆叠在一起，导致选择不精准，并且逐个抓开效率比较低，为了方便，可以使用"分散元器件"命令快速处理。

（1）执行菜单命令【工具】→【分散元器件】，如图 7-62 和图 7-63 所示。

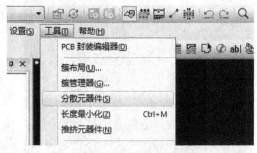

图 7-62　"分散元器件"命令

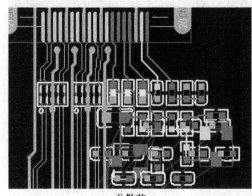
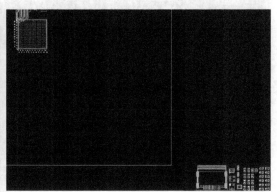

分散前　　　　　　　　　　　　　　分散后

图 7-63　整板器件分散

（2）若需要将选中元器件进行打散，则可选中元器件，右击选择"分散"命令，即可将元器件有序地打散到板框周围，如图 7-64 和图 7-65 所示。此操作可配合原理图同步进行，同步时在原理图中先选择元器件再执行。

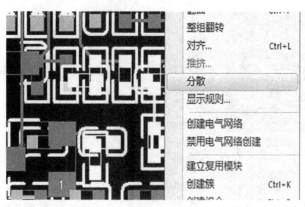

图 7-64 "分散"命令

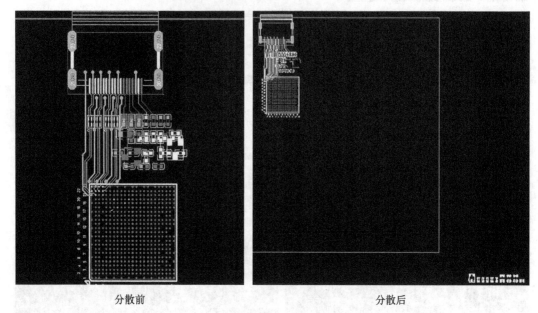

分散前   分散后

图 7-65 将选中的元器件分散

9. 利用 Reuse 功能进行布局复用

PCB 设计的项目之间或同一项目中会存在拓扑与封装完全相同的电路，做完一个模块后，其他相同的模块可复制；或者在一个项目中需要多人协作时，可以将 PCB 分成若干个功能模块，并分给多个设计师进行功能模块的布局工作，然后利用 PADS Layout 的复用功能，将多个设计师的工作成果整合到同一 PCB 内。

（1）打开参考模块所在的 PCB 文件，选取此参考模块包含的元器件，如图 7-66 所示，右击选择"建立复用模块"命令，如图 7-67 所示。弹出"建立复用模块"对话框，在"复用模块类型"栏中输入保存的名称，然后单击"确定"按钮，再在弹出的"复用模块另存为"对话框中选择存放路径，保存并退出，如图 7-68 所示。

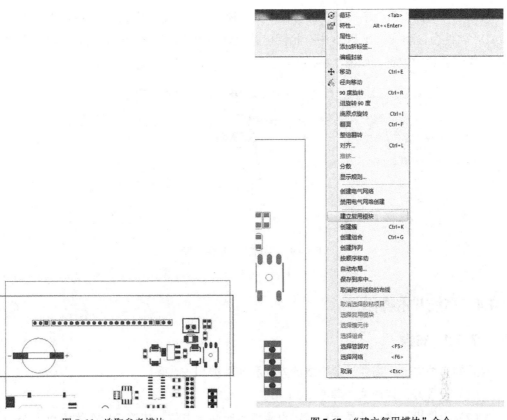

图 7-66 选取参考模块　　　　　　　　　图 7-67 "建立复用模块"命令

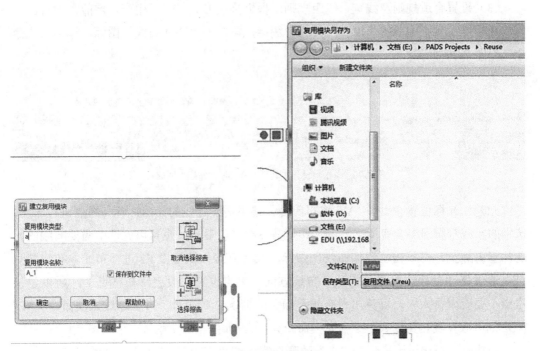

7-68 保存复用模块

（2）在设计工具栏中单击"建立相似复用模块"图标，调用上一步保存的复用模块，PADS 软件会自动搜索在 PCB 中有相同电路设计的模块内容并一一调出来，然后单击左键放置到合适的位置，如图 7-69 所示。

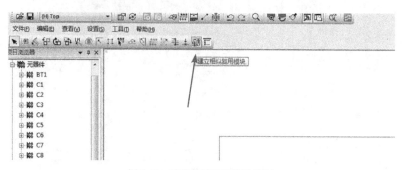

图 7-69　建立相似复用模块界面

7.4　布线基本操作

7.4.1　布线

开始布线之前，需要设置布线的方向和布线的相关选项。

（1）设置好默认选项，参考 7.2.1 节。

（2）设置设计格点及显示格点，设置格点时注意单位，建议设置布线格点为 5mil。

（3）设置合适规则及线宽、线距规则。根据叠层方式、工厂生产工艺能力设置。

在标准工具栏中单击"设计工具栏"图标，再单击"添加布线"图标，调用布线命令，如图 7-70 所示。

图 7-70　单击"设计工具栏"及"添加布线"图标

此时，光标位置会出现"V"字母跟随，选中需要连线的元器件管脚焊盘进行布线，选中的布线管脚网络会有高亮显示，并且其飞线也会显示。也可以先选中需要布线的元器件管脚焊盘，再单击"添加布线"图标，或者直接按快捷键 F2 进行布线。布线期间可以通过移动鼠标位置并单击改变布线方向，单击位置一般会落在格点上，所以建议格点不要设置得太大，以免出现布线不顺利的情况。布线时，可以通过无模命令"AD/AO/AA"改变变化角度（可参考无模命令介绍），如图 7-71 所示。

布线时，可通过无模命令"W"改变线宽，如"W20"，如图 7-72 所示。

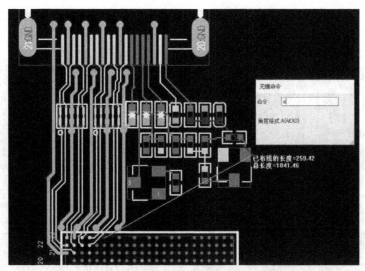

图 7-71　布线状态

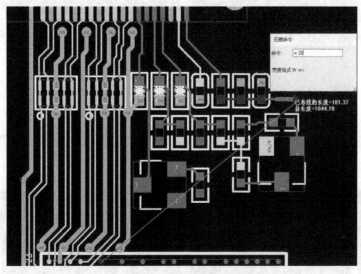

图 7-72　布线线宽更改

布线时，若线宽显示为 0，而未显示真实线宽，可通过无模命令"R 0"切换显示，如图 7-73 所示。

7.4.2　修线

若对布线情况不满意，则需要对布线路径进行调整，可先删除需要调整位置的布线，再重新连上，删除时注意过滤情况，或者可以利用修线命令对布线路径进行调整，组合快捷键是"Shift+S"，具体操作为：先右击选择"随意选择"命令，再选中需要调整的布线，然后右击选择"拉伸"命令，或按组合快捷键"Shift+S"，执行此命令时会亮显选中对象并出现布线长度信息，再对路径进行上、下、左、右调整，直到调到合适位置为止，如图 7-74 所示。

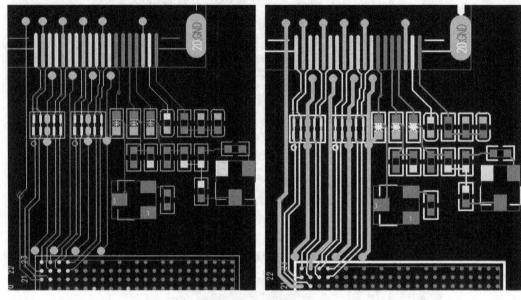

图 7-73　显示线宽

若需将布线拐角转换为圆弧布线，可右击选择"随意选择"命令，再选中需要调整的布线（注意，此时应选择拐角），再右击选择"转换为圆弧"命令，如图 7-75 所示。然后将转角往内侧拉，调整为合适的圆弧形状并单击，从而完成圆弧转换，如图 7-76所示。

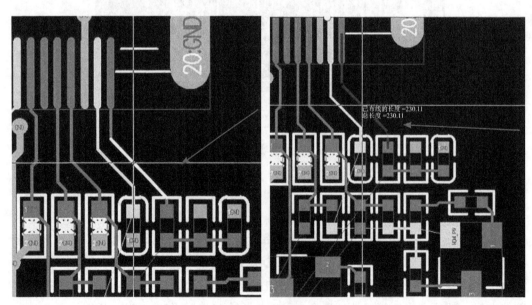

图 7-74　修线

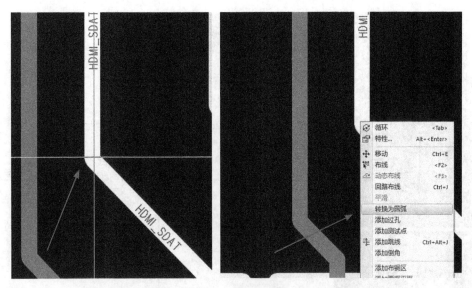

图 7-75　转换为圆弧

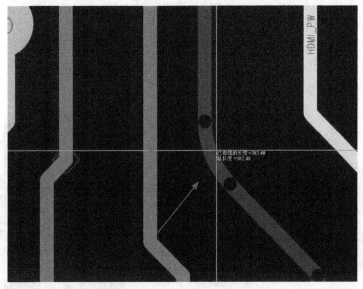

图 7-76　拐角转换圆弧

7.4.3　过孔处理

过孔的主要作用是用于信号的换层连接，设计中使用过孔必须在不同层之间连接信号，而不能只连接一层，导致其产生 STUB。在 PCB 设计布线过程中使用过孔之前，应先将过孔类型添加到 PCB 中，然后设置规则时将需使用的过孔类型添加到布线规则内使用的列表中。

（1）布线期间单击右键，并选择"过孔类型"命令，在弹出的"过孔"对话框内选择过孔模式及需使用的过孔类型，单击"确定"按钮，如图 7-77 所示。

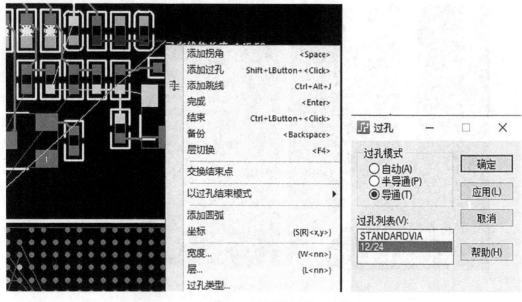

图 7-77　选择过孔类型

（2）单击右键，并选择【以过孔结束模式】→【以过孔结束】命令，如图 7-78 所示。在需要添加过孔的位置按 Ctrl 键，再单击左键完成过孔的添加。添加过孔时注意设置好格点大小，若过孔内径不显示，可使用无模命令"DO"切换。

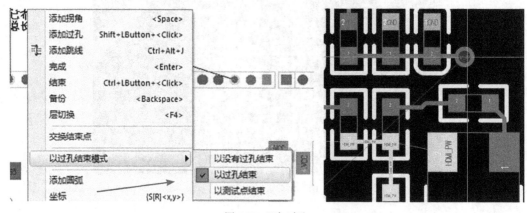

图 7-78　添加过孔

（3）在需要添加过孔的地方单击左键，按快捷键 F4，即可会自动切换到底层进行布线。

（4）右击选择"随意选择"命令，选中过孔后右击选择"特性"命令，在弹出的"过孔特性"对话框中勾选"胶黏"选项，可将选中的过孔锁定，如图 7-79 所示。在"过孔特性"对话框中单击"网络"按钮，在弹出的"网络特性"对话框中勾选"保护布线"选项，可将过孔所在的网络锁定，一般此项不勾选，若勾选后此网络所有元素都不能被调整，如图 7-80 所示。

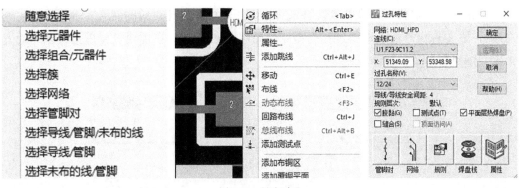

图 7-79　锁定过孔

图 7-80　保护布线

（5）右击选择"随意选择"命令，选中过孔，单击"Delete"按钮，在弹出的对话框中勾选"不再询问"选项，若要删除 PCB 上所有选中过孔类型相同的过孔，可单击"是"按钮，若只删除单个选中的过孔，则单击"否"按钮，如图 7-81 所示。

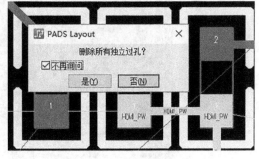

7.4.4　虚拟过孔

图 7-81　删除过孔

虚拟过孔一般在有拓扑结构的设计中使用，如 T 形拓扑，可以把虚拟过孔当作一个虚拟的管脚，以满足拓扑结构设计时等长的需要。

右击选择"选择网络"命令，并选择需要添加虚拟过孔对应的网络（可选择焊盘或布线），右击选择"添加虚拟过孔"命令，如图 7-82 所示。在需要放置虚拟过孔的地方单击左键进行放置，如图 7-83 所示。

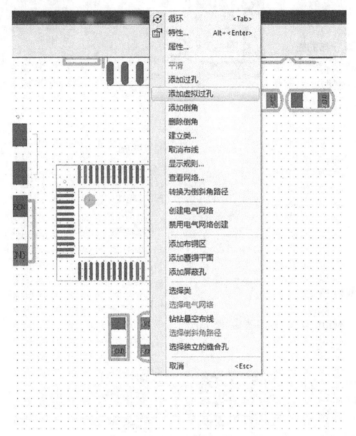

图 7-82　选择"添加虚拟过孔"命令

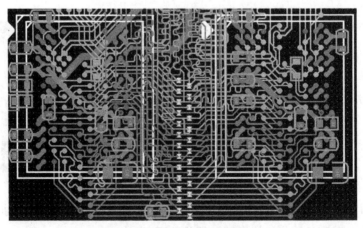

图 7-83　添加虚拟过孔之后

虚拟过孔与普通过孔的显示区别是虚拟过孔中间有一个图形，虚拟过孔显示的是一个孔的形状，设置等长规则时可当作一个焊盘。在出生产文件前可将虚拟过孔转换为过孔。

7.5　覆铜处理

对于电流比较大的信号，在设计时考虑载流情况，会对其使用铜皮进行连通处理。常用的两类铜皮包括铜箔（静态类铜皮）和覆铜平面（动态类铜皮）。

1. 铜箔

铜箔即静态类铜皮（实心铜皮），此类型铜皮在 PCB 上绘制后，其形状不会随障碍物变化，也不会因 DRC 情况进行避让，绘制的形状与实际生产出的形状、大小一致。

（1）进入"绘图工具栏"，单击"铜箔"图标，进入铜箔绘制模式，如图 7-84 所示。

（2）设置好 PCB 设计的格点大小，并设置铜皮显示格点，如图 7-85 所示。

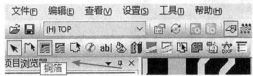

图 7-84　单击铜箔图标

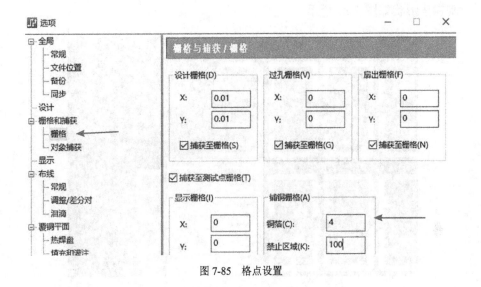

图 7-85　格点设置

（3）在 PCB 内单击右键，选择"多边形"命令，单击左键在 PCB 中绘制铜皮形状。绘制形状时，终点位置与起点位置不要靠太近，太近会提示警告，从而导致绘制铜皮失败，在终点位置双击左键或右击选择"完成"命令，铜皮会自动闭合，如图 7-86(a)所示。随后弹出"添加绘图"对话框，如图 7-86（b）所示，单击"通过单击分配网络"按钮，再单击 PCB 上对应网络的焊盘、过孔或走线，给铜箔赋予网络，或者在"网络分配"下拉框中选择其网络名，在"线宽"栏设置好铜皮的线宽值，此线宽值需大于或等于铜皮格点设置的值，若小于其值，则会显示为网络铜。

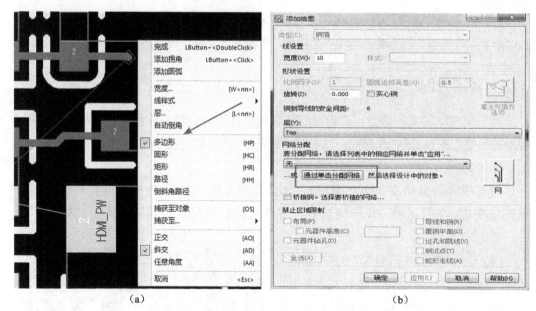

（a）　　　　　　　　　　　　　　　　　（b）

图 7-86　选择"多边形"命令和"添加绘图"对话框

绘制铜皮形状如图 7-87 所示。

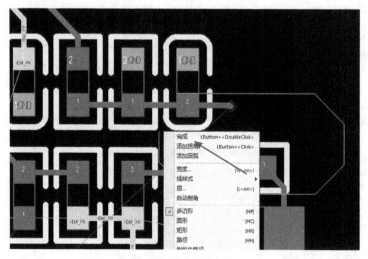

图 7-87　绘制铜皮形状

（4）铜箔绘制好后会显示为实心铜，如需对铜皮形状进行微调，可右击选择"随意选择"命令，选中铜皮需要调整的位置边缘，再右击选择"移动一个角度"命令，移动鼠标，将边缘调整到合适的位置，单击完成调整，如图 7-88 所示。

（5）在 PCB 中右击选择"选择形状"命令，选择铜皮，再右击选择"添加倒角"命令，如图 7-89 所示。在弹出的"添加倒角"对话框中输入合适的值，注意输入的值不能过大也不能过小，否则会导致倒角失败，如图 7-90 所示。

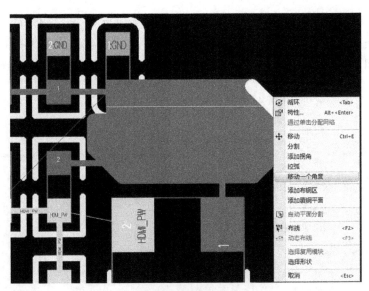

图 7-88 编辑铜皮形状

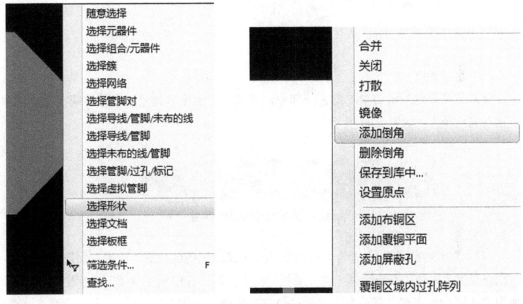

图 7-89 添加倒角

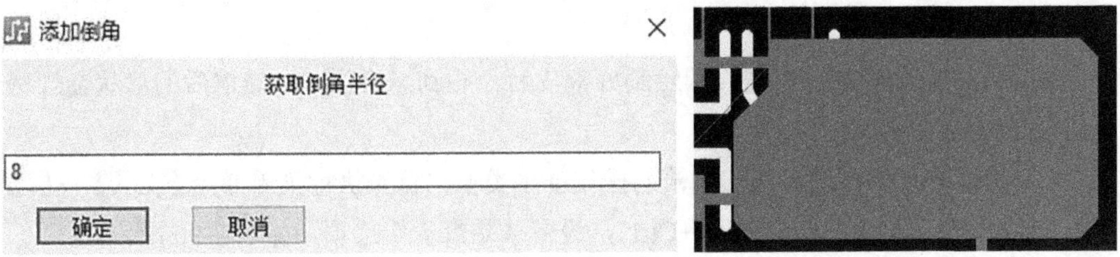

图 7-90 倒角半径设置

（6）在空白位置右击选择"随意选择"命令，单击铜皮边缘，再右击选择"分割"命令，如图 7-91 所示，将光标移动至合适位置并单击，此时铜皮会在选择的位置生成一个拐角，如图 7-92 所示，也可利用"添加拐角"功能进行此操作，作用类似。

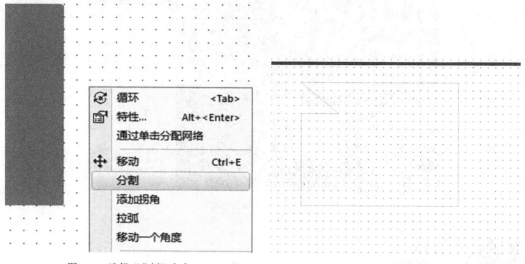

图 7-91　选择"分割"命令　　　　　　　　　　　图 7-92　生成拐角

2. 铜挖空区域

（1）若需要对绘制的铜皮挖去一部分，可利用"绘图工具栏"中的"铜挖空区域"按钮完成此操作，如图 7-93 所示。

图 7-93　选择"铜挖空区域"按钮

（2）右击选择"矩形"命令，在对应铜皮需要挖空的区域绘制矩形，此挖空形状应与铜皮有重合之处。右击选择"选择形状"命令，同时选中铜皮及相应的挖空形状，可使用 Ctrl 键一一选取，然后右击选择"合并"命令，如图 7-94 所示，合并后可挖掉铜皮与挖空形状重合的位置，如图 7-95 所示。

3. 覆铜平面

覆铜平面是动态铜皮类型，即绘制好铜皮后，碰到障碍物时，覆铜后的形状会规避障碍物，以免生成 DRC。

（1）覆铜平面的添加步骤与铜箔的操作基本类似，首先执行菜单命令【工具】→【选项】，或者使用组合快捷键"Enter+Ctrl"，设置"热焊盘"选项，如图 7-96 所示。

（2）设置"填充和灌注"选项，如图 7-97 所示。

图 7-94　合并铜皮

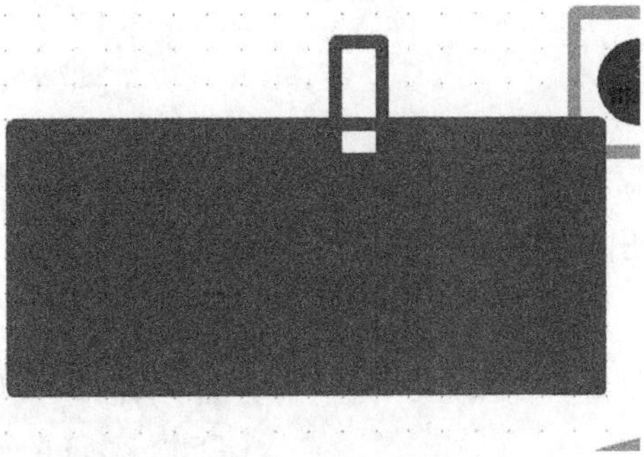

图 7-95　挖空后的铜箔

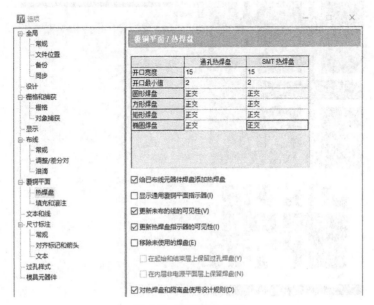

图 7-96　"热焊盘"设置

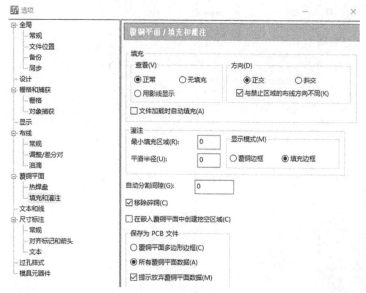

图 7-97 "填充和灌注"设置

（3）进入绘图工具栏，单击"覆铜平面"图标，在 PCB 内绘制覆铜形状，并在弹出的"添加绘图"对话框内输入线宽及分配网络，如图 7-98 所示。

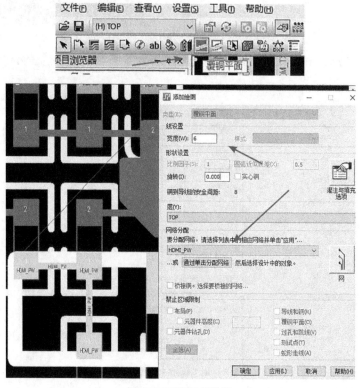

图 7-98 添加绘图设置

（4）单击"灌注与填充选项"按钮，在弹出的对话框内勾选"过孔全覆盖"选项，并在"灌注优先级"栏内输入优先级，优先级值越小，优先级别越高，如果有铜皮相互覆盖，则注意在内部的铜皮优先级值要设置得小，单击"确定"按钮完成铜皮绘制。完成后铜皮连接的信号飞线会消除，铜皮内部呈空心显示，如图 7-99 和图 7-100 所示。

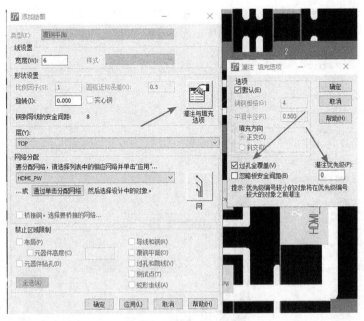

图 7-99　铜皮优先级设置

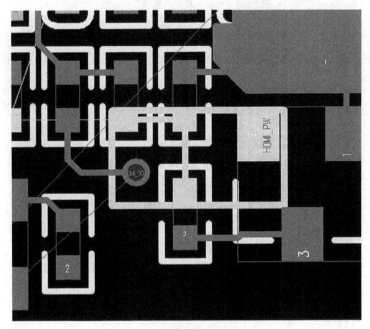

图 7-100　覆铜平面

（5）绘制覆铜平面后铜皮呈空心显示，执行菜单命令【工具】→【覆铜平面管理器】。在弹出的"覆铜平面管理器"对话框中，单击"全选"按钮，然后单击"开始"按钮完成覆铜，如图 7-101 所示。

图 7-101　弹出"覆铜管理器"对话框

（6）执行完成后，空心铜皮会转换为实心铜皮显示，铜皮中有其他信号布线或过孔时，铜皮会进行避让，使用无模命令"PO"可以进行显示模式切换，如图 7-102 所示。

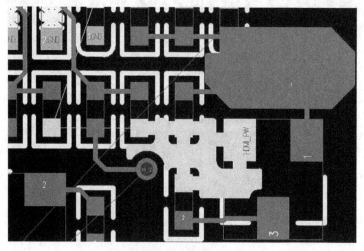

图 7-102　覆铜

7.6　Xnet 关联网络

在原理图设计时部分网络需要添加串阻等元器件进行信号阻抗匹配，此时，需要将串联元器件两端的网络进行关联，以便等长规则设置。

（1）执行菜单命令【设置】→【电气网络】，如图 7-103 所示，打开对应的电气网络对话框。

（2）在弹出的"电气网络"对话框内，将需设置 Xnet 的元器件参考编号前缀输入"参考编号前缀"栏中，以电阻为例，设置完成之后单击"确定"按钮，如图 7-104 所示。

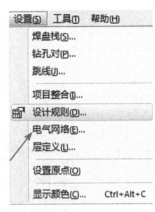

图 7-103　执行"电气网络"命令

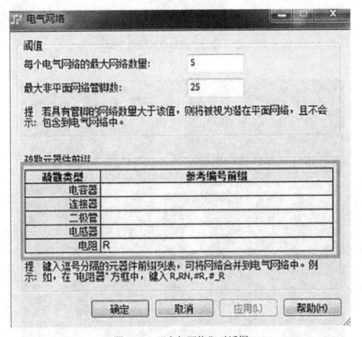

图 7-104　"电气网络"对话框

（3）在 PADS Layout 的空白处右击，打开过滤器选择"选择网络"命令，选择完成之后选中对应需要创建 Xnet 电阻一端的网络，然后右击执行"选择电气网络"命令，如图 7-105 所示。

（4）可以看到两端网络都可以被选中，Xnet 创建成功，如图 7-106 所示。

（5）设置完成 Xnet 之后可以切换到 Router 中进行匹配长度的网络组创建，也可以查看电气网络是否添加，如图 7-107 所示。

图 7-105　执行"选择电气网络"命令

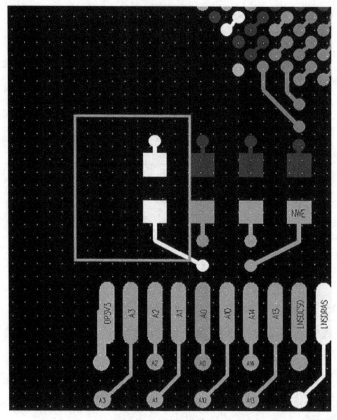

图 7-106　选择电气网络

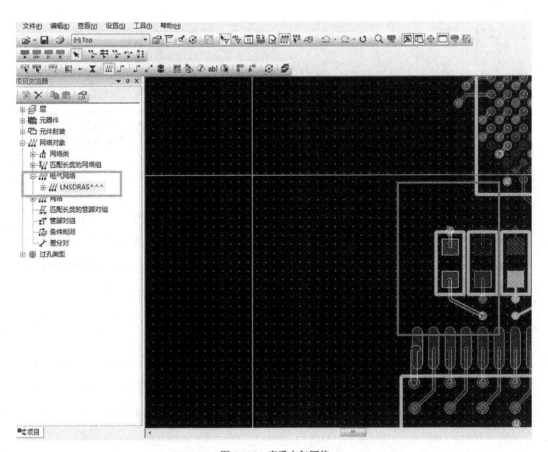

图 7-107　查看电气网络

第 8 章

PADS Layout DRC 验证与生产输出

为了满足各项设计的要求，前期通常会设置很多约束规则，当一个 PCB 设计完成之后，要进行设计规则检查（Design Rule Check，DRC）。DRC 就是检查设计是否满足所设置的规则。一个完整的 PCB 设计必须经过各项电气规则检查，常见的检查包括间距、开路及短路检查，更加严格的还有差分对、阻抗线等检查。

8.1 验证设计：DRC

设计完成后，需要对设计的文件进行 DRC，防止设计上出现开短路或其他风险。PADS Layout 软件提供安全间距、连接性、高速、最大过孔数、平面、测试点、制造、Latium 设计验证、打线等检查项目，一般设计时会进行安全间距 DRC、连接性 DRC，很少用到其他项。

进行 DRC 之前，需先将覆铜平面灌注，并且在显示颜色内将"错误"列勾选，将颜色与其他焊盘区分，如图 8-1 所示。

8.1.1 安全间距 DRC

安全间距 DRC 主要是检查各元素间设计的距离是否小于规则内设置的距离，若小于，则会有短路风险，通过 DRC 可以将报错的位置显示出来，方便设计师进行 DRC 消除。

进行安全间距 DRC 前，建议先把铜皮处理好，并打开所有电气层，将 PCB 完全显示在设计界面，使用组合快捷键"Ctrl+B"可以让所有设计元素置于可视区内。进行安全间距 DRC 时，软件只检查在界面显示的部分，其他部分不检查。

（1）执行菜单命令【工具】→【验证设计】，弹出"验证设计"对话框，选中"安全间距"选项，如图 8-2 所示。

（2）根据实际情况设置好安全间距检查的元素，如图 8-3 所示。

（3）设置完成后单击"开始"按钮，软件会对可视区域内元素进行设计规则检查，如有报错，则会弹出错误数提示，如图 8-4 所示，单击"确定"按钮。

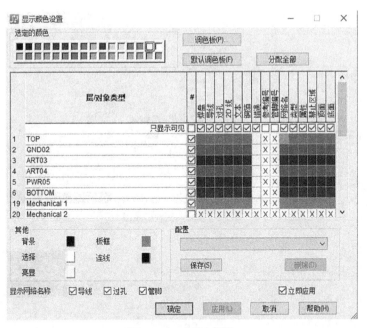

图 8-1　DRC 颜色设置

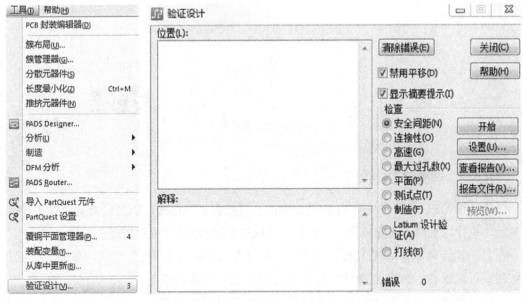

图 8-2　选中"安全间距"选项

（4）在"位置"栏内会有报错提示，在"解释"栏内有对应的 DRC 报错产生原因，可根据产生原因在 PCB 中的 DRC 警示位置进行消除，如图 8-5 所示，提示布线与布线的距离为 3mil，而规则内设置为 4mil，故导致 DRC 报错的产生，将布线间距调整到 4mil 以上即可消除此 DRC 报错。

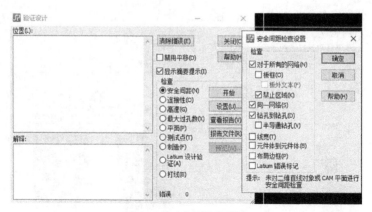

图 8-3　安全间距检查设置

图 8-4　错误数提示

8.1.2　连接性 DRC

连接性 DRC 主要是检查 PCB 设计内的信号是否全部连通，以及检查是否存在开路风险，执行检查前，需先将覆铜处理好，连接性 DRC 默认会检查整板。

（1）执行菜单命令【工具】→【验证设计】，选中"连接性"选项。单击"开始"按钮即可进行整个 PCB 连通性能的 DRC 检查，如图 8-6 所示。

（2）单击"开始"按钮，软件会对 PCB 内信号的连通性进行设计规则检查，如有 DRC 报错，则会弹出错误数提示，单击"确定"按钮，如图 8-7 所示。在"位置"框内会有报错提示，在"解释"框内有对应的错误产生原因，可根据产生原因在 PCB 中的警示位置进行 DRC 消除。图 8-7 中的报错内容是位号为 U1 的器件中管脚 AJ15 未连通，网络为 VDDQ1.5V。

图 8-5　安全间距 DRC 释义

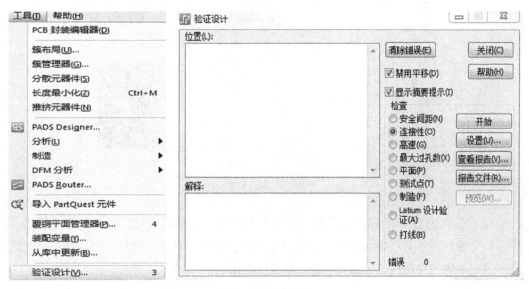

图 8-6　连接性 DRC

8.2　尺寸标注

PCB 设计完成后，可以对板框大小进行标注，以满足后期生产、报价等需要。

（1）尺寸标注前先设置好标注的单位及精度，可利用无模命令进行公英制切换，执行菜单命令【工具】→【选项】，将"尺寸标注 / 文本"标签页的精度设置为 3mil，如图 8-8 所示。

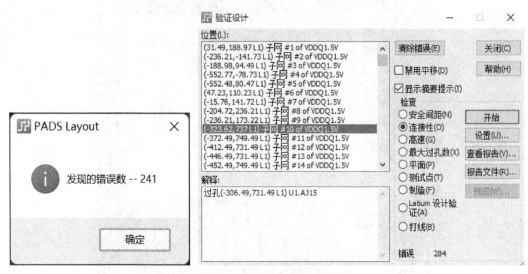

图 8-7　连接性 DRC 警告

图 8-8　精度设置

（2）在 PCB 空白处右击，选择"随意选择"选项，然后通过过滤器筛选需要进行标注的对象。在工具栏中单击"尺寸标注工具栏"图标，进入自动尺寸标注状态，这时就可以用不同尺寸标注模式进行标注，如图 8-9 所示。

图 8-9　"尺寸标注工具栏"界面

（3）单击尺寸标注工具栏中的"水平"按钮，右击选择"捕获至中点"和"使用中心线"命令。然后单击板框长边的一个交点，再单击另外一个交点，就可以出现两点之间的距离，移动光标到合适位置之后单击就可以完成水平尺寸标注，如图 8-10 所示。

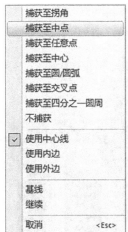
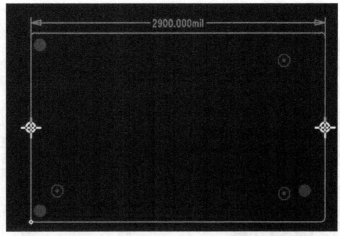

图 8-10　水平尺寸标注

8.3　丝印位号的调整

1. 丝印位号的调整规范

在后期进行元件装配时，特别是手工装配元件时，一般要输出 PCB 装配图，这时丝印位号就显示必要性了（生产时 PCB 上的丝印位号可以隐藏）。执行菜单命令"设置→显示颜色"，进入显示颜色设置界面，勾选"只显示丝印层和对应的阻焊层"，即可对 PCB 的丝印进行调整。

以下是丝印位号调整遵循的原则及常规推荐尺寸。

（1）丝印位号不能移动到阻焊上。

（2）丝印位号要清晰，推荐字宽 / 字高尺寸为 4/25mil、5/30mil、6/45mil。

（3）保持方向统一性，一般推荐字母在左或在下，如图 8-11 所示。

图 8-11　丝印位号调整

2. PADS 中丝印位号的调整方法

（1）需要隐藏整块 PCB 上除焊盘、参考编号以外的所有元素，以便于丝印的辨识，提高丝印的调整效率。在 PADS Layout 界面下，执行菜单命令【设置】→【显示颜色】，或者按快捷键"Ctrl+Alt+C"，打开颜色设置面板，勾选"焊盘"和"参考编号"，如图 8-12所示。

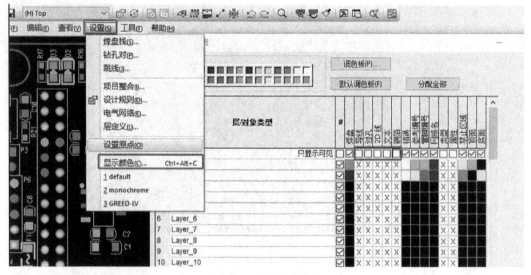

图 8-12　整板颜色设置

（2）右击 PCB 空白区域，在弹出的菜单中选择"特性"命令，再在弹出的"元件标签特性"对话框中将丝印设在"Silkscreen Top"层上；尺寸和线宽一般设置为 40 ~ 50mil 和 4 ~ 5mil；"位置"的 X、Y 为"0"且水平和垂直为"中"，如图 8-13 所示。填写完后单击"应用"按钮，再单击"确定"按钮便能看到整块 PCB 的参考编号都在相应元件的中心，这时便可以快速调整参考编号的摆放位置，如图 8-14 所示。

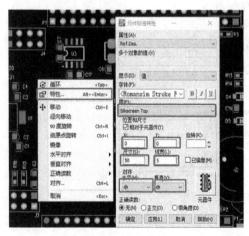

图 8-13　元件标签特性设置

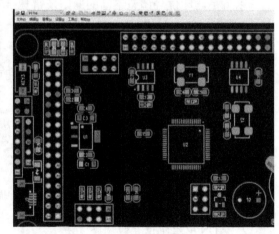

8-14　调整后的效果

8.4　文件输出

1. DXF 文件输出

一般在设计完成后要输出 DXF 文件以便工程师核对结构，防止结构上有干涉，从而影响装配。

（1）执行菜单命令【文件】→【导出】，在弹出的"文件导出"对话框中选择 DXF 文件及文件的保存路径，单击"保存"按钮，如图 8-15 所示。

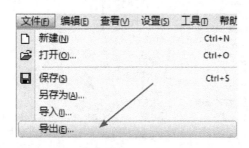

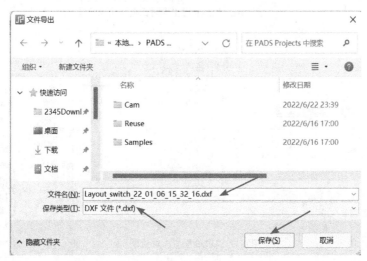

图 8-15　导出 DXF

（2）在弹出的"DXF 导出"对话框中选择"扁平"选项，并选择好需要导出的层和元素，单位一般选择"公制"，单击"确定"按钮，如图 8-16 所示。

2. PDF 文件输出

为便于贴片时安装及平时查阅布局内容，可以在设计时生成 PDF 文件。

（1）执行菜单命令【文件】→【生成 PDF】，在弹出的"PDF 配置"对话框中单击"添加页面"图标，修改页面名，如图 8-17 所示。

（2）单击"添加层"图标，并将需要输出的层移到"已选定"框，如图 8-18 所示。

（3）对添加进来的层设置需要在 PDF 中显示的元素，如图 8-19 和图 8-20 所示。

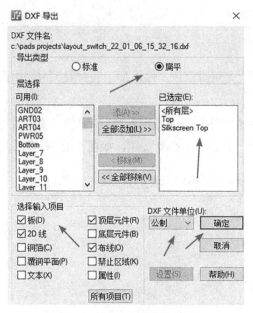

图 8-16 "DXF 导出"对话框

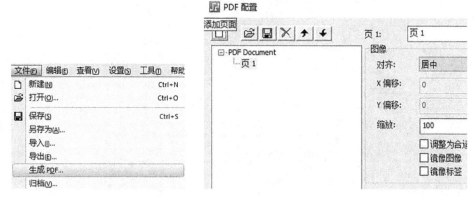

图 8-17 "PDF 配置"对话框

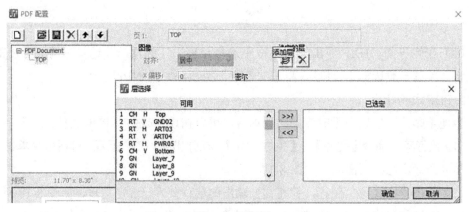

图 8-18 添加层

图 8-19　Top 层元素

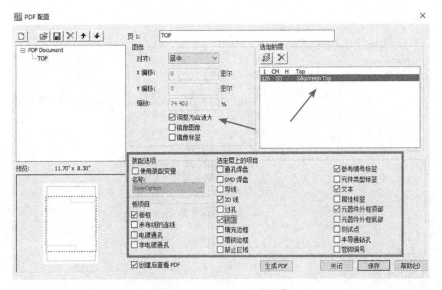

图 8-20　Silkscreen Top 层元素

（4）设置完成后单击"保存"按钮，再单击"生成 PDF"按钮，在弹出的对话框中选择保存路径即可，如图 8-21 所示。

（5）若是 Bottom 层，则需要勾选"镜像图像"选项，将背面的元素整体镜像处理，如图 8-22 所示。

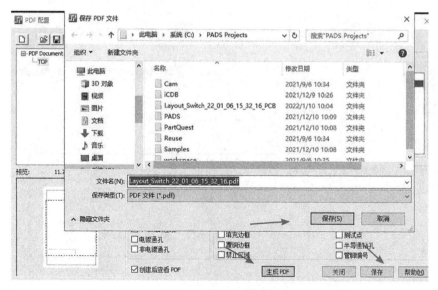

图 8-21　指定保存路径

图 8-22　镜像设置

8.5　光绘文件

光绘文件即 Gerber 文件或 CAM 文件，工厂可以根据 Gerber 文件生成菲林文件用于制板。光绘文件一般包含电气层（设计中的信号、电源层）、丝印层、阻焊层、钢网层、钻孔符号层、NC 钻孔层。设置光绘文件前需要对环境进行设置，需要将原点位置设置到板框左下角。

1. 电气层文件设置

（1）执行菜单命令【文件】→【CAM】，在弹出的"定义 CAM 文档"对话框中单击"添加"按钮，再在弹出的"添加文档"对话框中"文档名称"栏输入名称，通常与电气层名相同，如 Top，在"文档类型"栏选择"布线 / 分割平面"类型，在"输出文件"

栏修改名称，在"制造层"栏选择相应的电气层，如图 8-23 所示。

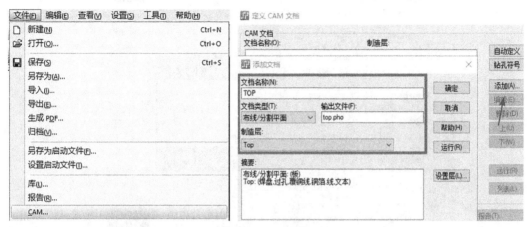

图 8-23 CAM 文档设置

（2）在"定义 CMA 文档"对话框中单击"层"按钮，进入"选择项目"对话框，在"已选定"栏内选择层后勾选此层需要生成的 Gerber 元素，然后单击"确定"按钮，如图 8-24 所示。

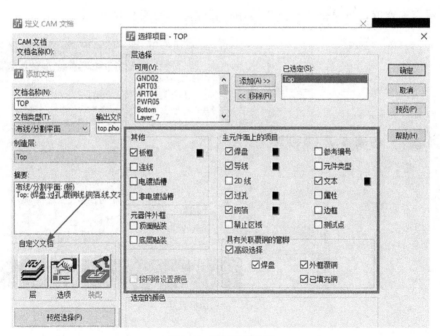

图 8-24 层元素的选择

（3）在"定义 CAM 文档"对话框中单击"选项"按钮，进入"绘图选项"对话框，设置偏移值，将设计内元素调整到中心，可通过预览窗口观察。注意，此偏移值在 Gerber 层要保持一致，如图 8-25 所示。

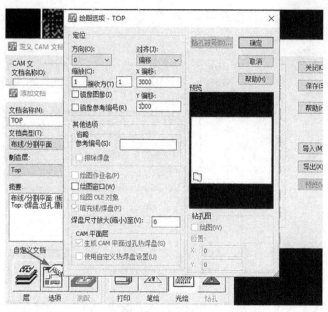

图 8-25　偏移设置

（4）在"添加文档"对话框中单击"设备设置"按钮，进入"光绘图机设置"对话框，设置填充宽度，再单击"高级"按钮设置精度，如图 8-26 所示。

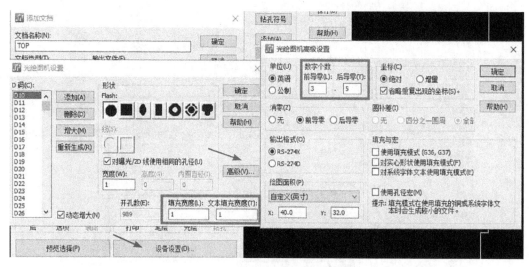

图 8-26　光绘图机设置

（5）设置完成后，可单击"预览选择"按钮进行光绘预览，单击预览界面可对图形进行缩放控制，如图 8-27 所示。

（6）在"添加文档"对话框中单击"确定"按钮，再在"定义 CAM 文档"对话框中单击"保存"按钮。

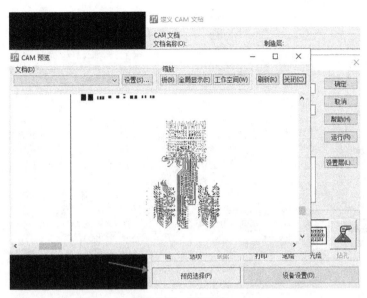

图 8-27　光绘预览

2. 丝印层文件设置

丝印层设置与电气层设置的步骤大致相同，主要不同在层对应的选项上，注意丝印包含 Top 层和 BOTTOM 层，需要设置两个文件。Top 层设置如图 8-28 和图 8-29 所示。

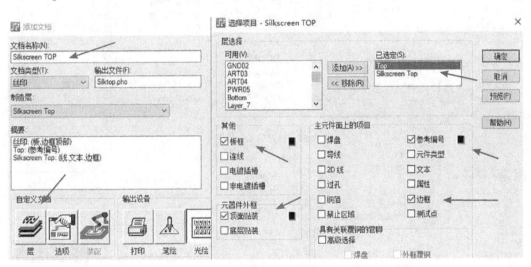

图 8-28　丝印层 Top 设置 1

3. 阻焊层文件设置

阻焊层设置与电气层设置的步骤大致相同，主要不同在层对应的选项上，注意阻焊包含 Top 层和 BOTTOM 层，需要设置两个文件。Top 层设置如图 8-30 和图 8-31 所示。

注意：除阻焊层文件需要放大到 4mil 之外，其他文件不需要放大，此栏值为 0。

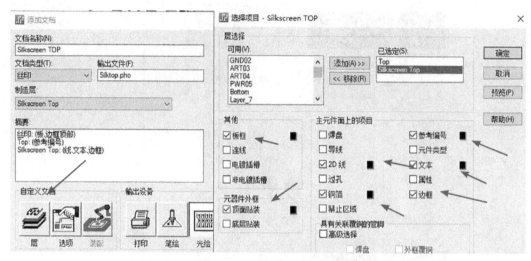

图 8-29　丝印层 Top 设置 2

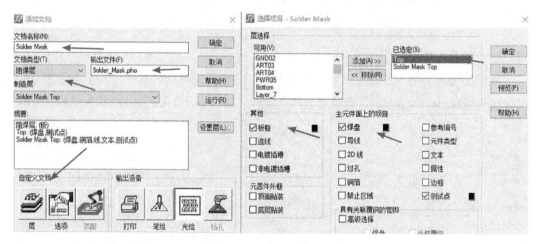

图 8-30　阻焊层 Top 设置 1

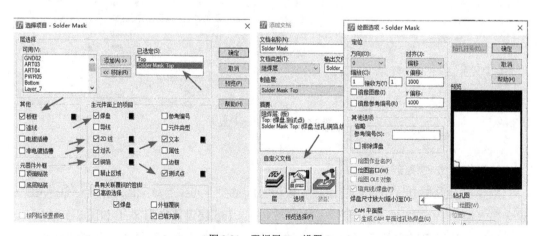

图 8-31　阻焊层 Top 设置 2

4. 钢网层文件设置

钢网层设置与电气层设置的步骤大致相同，主要不同点在层对应的选项上，注意，钢网包含 Top、Bottom 层，需要设置两个文件。Top 层设置如图 8-32 和图 8-33 所示。

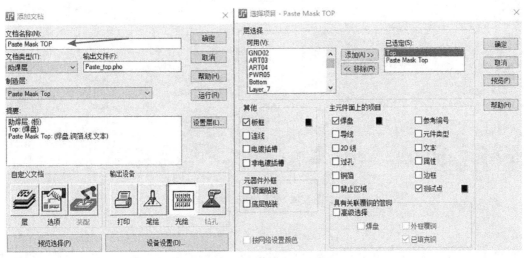

图 8-32　钢网层 Top 设置 1

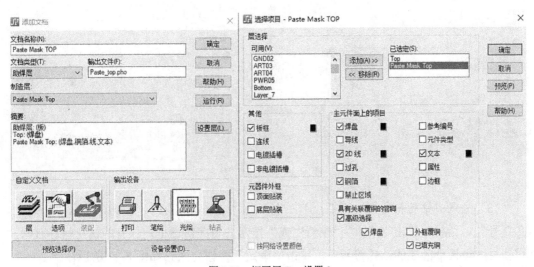

图 8-33　钢网层 Top 设置 2

5. 钻孔符号层文件设置

钻孔符号层设置与电气层设置的步骤大致相同，主要不同点在层对应的选项上，钻孔符号层只有一个文件。

（1）基础设置如图 8-34 和图 8-35 所示。

（2）设置完层后，单击"添加文档"对话框内的"选项"按钮，然后在"绘图选项"对话框内设置好绘图的偏移值，让钻孔预览图内蓝色框与红色框不重合，参见图中箭头标示，再单击"钻孔符号"按钮，如图8-36所示。

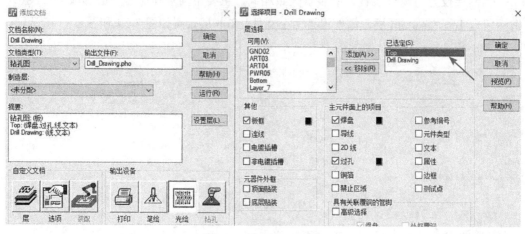

图 8-34　钻孔层 Top 设置

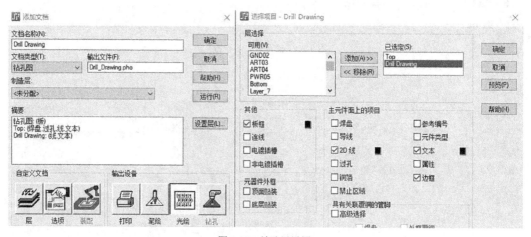

图 8-35　钻孔层设置

（3）进入"钻孔符号"对话框，单击右下角"全局钻孔符号"按钮，进入"全局钻孔符号"对话框，单击"增大""重新生成"按钮，将此对话框内原有的钻孔缓存删除，重新生成与设计匹配的钻孔符号表，单击"确定"按钮完成，如图8-37所示。

6. NC 钻孔层文件设置

NC 钻孔层主要显示孔的位置，其设置比较简单，如图8-38所示。

7. 光绘文件输出

所有 CAM 层文件设置完成后，单击"定义 CAM 文档"对话框中的"保存"按钮，如图8-39所示为6层设计的文件情况。在"CAM目录"栏选择 Gerber 文件生成的文件夹，在"CAM文档"栏配合 Shift 键选中所有的 CAM 层，并单击"运行"按钮，可以输出 Gerber 文件（注意，选择哪一层就会生成哪一层的 Gerber 文件），生成的 Gerber

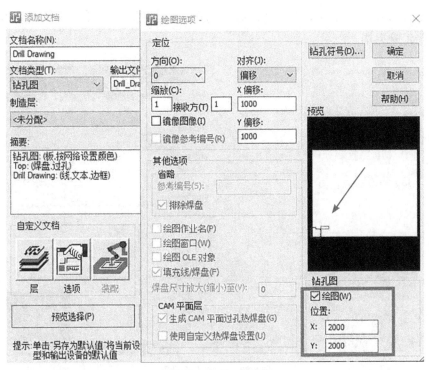

图 8-36　钻孔层选项设置

图 8-37　重新生成钻孔符号表

文件如图 8-40 所示。注意，生成光绘文件前需先运行覆铜并进行设计规则检查，将
DRC 报错消除完毕。

图 8-38　NC 钻孔层设置

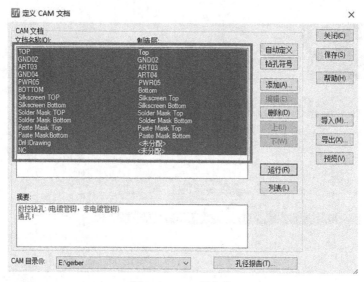

图 8-39　CAM 层文件

8. 光绘模板保存及调用

光绘文件设置好后，可以将设置好的模板保存下来，以便下次设计时调用。

（1）设置好光绘文件后，在"定义 CAM 文档"对话框中选择所有设置的 CAM 层文件，
并单击"导出"按钮，如图 8-41 所示。在"文件名"栏输入导出的保存名称，单击"保存"按钮。

名称	修改日期	类型	大小
NCDRILL.drl	2022/1/11 17:20	CAMtastic NC D...	24 KB
NCDRILL.lst	2022/1/11 17:20	LST 文件	30 KB
ART03.pho	2022/1/11 17:20	PHO 文件	383 KB
BOTTOM.pho	2022/1/11 17:20	PHO 文件	735 KB
DRILLDRAWING.pho	2022/1/11 17:20	PHO 文件	170 KB
GND02.pho	2022/1/11 17:20	PHO 文件	366 KB
GND04.pho	2022/1/11 17:20	PHO 文件	416 KB
MASKBOT.pho	2022/1/11 17:20	PHO 文件	24 KB
MASKTOP.pho	2022/1/11 17:20	PHO 文件	31 KB
PASTEBOT.pho	2022/1/11 17:20	PHO 文件	21 KB
PASTETOP.pho	2022/1/11 17:20	PHO 文件	28 KB
PWR05.pho	2022/1/11 17:20	PHO 文件	490 KB
SILKBOT.pho	2022/1/11 17:20	PHO 文件	50 KB
SILKTOP.pho	2022/1/11 17:20	PHO 文件	37 KB
TOP[.pho	2022/1/11 17:20	PHO 文件	697 KB
ART03.rep	2022/1/11 17:20	Report File	1 KB
BOTTOM.rep	2022/1/11 17:20	Report File	3 KB
DRILLDRAWING.rep	2022/1/11 17:20	Report File	1 KB
GND02.rep	2022/1/11 17:20	Report File	1 KB
GND04.rep	2022/1/11 17:20	Report File	1 KB
MASKBOT.rep	2022/1/11 17:20	Report File	3 KB
MASKTOP.rep	2022/1/11 17:20	Report File	4 KB
NCDRILL.rep	2022/1/11 17:20	Report File	1 KB
PASTEBOT.rep	2022/1/11 17:20	Report File	2 KB
PASTETOP.rep	2022/1/11 17:20	Report File	3 KB
PWR05.rep	2022/1/11 17:20	Report File	1 KB
SILKBOT.rep	2022/1/11 17:20	Report File	1 KB
SILKTOP.rep	2022/1/11 17:20	Report File	1 KB
TOP[.rep	2022/1/11 17:20	Report File	4 KB

图 8-40　生成的 Gerber 文件

图 8-41　导出 CAM 模板

（2）调用 CAM 模板之前，需保持当前设计文件的层数类型与模板类型相同，4 层设计导入 4 层模板，6 层设计导入 6 层模板，如果模板设计时使用的是"最大层"模式，则需先将设计改为一致，如图 8-42 所示。

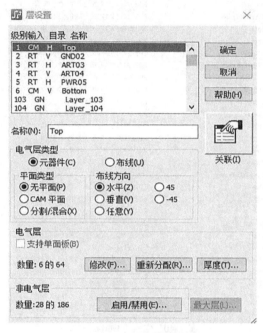

图 8-42　最大层设置

（3）在新的设计内打开"定义 CAM 文档"对话框，单击"导入"按钮，选择匹配的层模板，如图 8-43 所示。

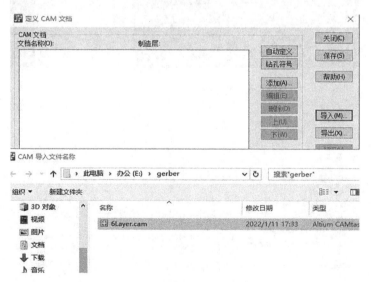

图 8-43　导入 CAM 模板

（4）导入时弹出确认窗口，单击"是"按钮，如图 8-44 所示。

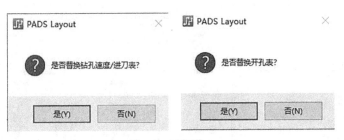

图 8-44　确认窗口

（5）导入后对每层文件进行检查并确认，看是否有设置不匹配之处，并将"Drill Drawing"内的"钻孔符号"进行更新，然后保存完成，如图 8-45 所示。

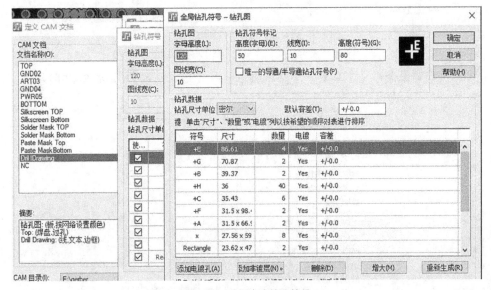

图 8-45　重新生成钻孔符号

8.6　IPC 网表导出与贴片器件坐标文件生成

1. IPC 网表导出

IPC 网表即 IPC-D-356 网表文件。提交 Gerber 文件给生产厂家，同时生成 IPC 网表核，可以检查出常规的开路、短路问题。

执行菜单命令【文件】→【导出】，在弹出的"文件导出"对话框中选择 .ipc 格式，输入导出的文件名、选择保存路径，如图 8-46 所示。

2. 贴片器件坐标文件生成

制板完成后，需要提供元器件坐标图给贴片厂编程进行贴片。

图 8-46　导出 IPC 网表

（1）执行菜单命令【工具】→【基本脚本】→【基本脚本】，如图 8-47 所示。

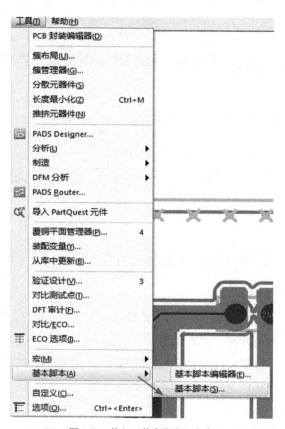

图 8-47　执行"基本脚本"命令

（2）在弹出的对话框中，选择"17-Excel Part List Report"选项，单击"运行"按钮，如图 8-48 所示。运行后会生成一个表格文件，即贴片坐标文件，其内指示了器件的位号、所在层和坐标位置，如图 8-49 所示。

图 8-48　第 17 项基本脚本

	Layer	Orient.	X	Y	SMD	Glued
1	Layer	Orient.	X	Y	SMD	Glued
2	Top	90	393	983.055	Yes	No
3	Top	0	3421	639.055	Yes	No
4	Top	270	4117	867.055	Yes	No
5	Top	0	3525	-16.945	Yes	No
6	Top	0	3521	103.055	Yes	No
7	Top	0	3249	-216.945	Yes	No
8	Top	0	3025	-216.945	Yes	No
9	Top	0	3521	227.055	Yes	No
10	Top	0	3433	823.055	Yes	No
11	Top	90	4337	767.055	Yes	No
12	Top	270	2265	-684.945	Yes	No
13	Top	270	1933	-686.945	Yes	No
14	Top	270	2373	-684.945	Yes	No
15	Top	0	2483	-161.945	Yes	No
16	Top	0	1503	-211.945	Yes	No
17	Top	90	3969.95	1528.575	Yes	No
18	Top	0	1958	318.055	Yes	No
19	Top	0	3056.149	1606.204	No	No
20	Top	180	3391.47	1605.085	Yes	No
21	Top	0	3758	1263.055	Yes	No
22	Top	180	3929	-688.945	Yes	No
23	Top	180	4425	19.055	Yes	No
24	Top	180	3941	59.055	No	No
25	Top	180	1973	1603.055	No	No
26	Top	0	2233	-1436.945	No	No
27	Top	90	756.149	-193.796	Yes	No
28	Top	270	4405	-840.945	Yes	No
29	Top	0	3733	1533.055	No	No
30	Top	0	3933	-1372.945	Yes	No
31	Top	0	3388.16	1481.145	Yes	No
32	Top	0	3925	-580.945	Yes	No
33	Top	270	3503	-936.945	Yes	No
34	Top	180	3925	-892.945	Yes	No
35	Top	0	3928.149	-989.796	Yes	No
36	Top	180	3925	-792.945	Yes	No
37	Top	0	2483	-266.945	Yes	No
38	Top	90	1750	-475	Yes	No
39	Top	0	3553	-1376.945	Yes	No
40	Top	180	745	1599.055	No	No
41	Top	180	4323	1573.055	Yes	No
42	Top	180	3137	103.055	Yes	No
43	Top	90	3833	823.055	Yes	No

图 8-49　贴片坐标文件

（3）如果基本脚本内缺少文件，则可以从安装目录中加载，具体路径为"C:\PADS Projects\Samples\Scripts\Layout"文件夹，单击"基本脚本"对话框中的"加载文件"按钮，选择脚本所在目录，将文件加载到软件中，如图 8-50 所示。

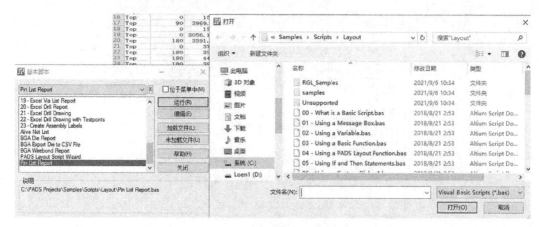

图 8-50　加载脚本文件

第9章

PADS Router 组件应用

本章介绍使用 PADS Router 组件进行 PCB 布局、布线设计的基本操作,包括器件布局、规则设置、与 PADS Logic 及 PADS Layout 设计同步、信号布线连通等操作,从而帮助初学者快速掌握利用 PADS Router 进行 PCB 设计开发操作。

一般在使用 PADS 软件时,PADS Layout 组件用来进行布局和规则设置,PADS Router 组件多用于布线、修线、蛇形等长操作。在 PADS Layout 组件中设置好规则、叠层、过孔,并布局好,就可以使用 PADS Router 组件进行布线等后续操作,之后又可利用 PADS Layout 组件进行设计规则检查及 Gerber 文件生成,两个组件配合使用,能大大提高设计效率。当然,在 PADS Router 组件中也可进行布局、规则设置操作,只是大多数情况下会使用 PADS Layout 组件。本章介绍 PADS Router 组件布线命令、修线命令、覆铜处理、蛇形等长设置及处理等内容,让读者能快速掌握 PADS Router 组件的使用方法,快速掌握利用 PADS Router 组件进行 PCB 设计的流程及方法,从而提高设计效率。

9.1 PADS Router 组件界面介绍

PADS Router 组件的操作界面主要由标题栏、菜单栏、快捷工具区域、项目浏览器区域、输出窗口等组成,如图 9-1 所示。

1. 标题栏

标题栏主要记录了文件的保存路径,以及文件的名称,如图 9-2 所示。

2. 菜单栏

菜单栏中包含文件、编辑、查看、设置、工具和帮助菜单,设计中操作的所有功能在这几个菜单中都能体现。单击菜单命令,会弹出其子命令,选择子命令内容,可完成对应设计操作功能,如图 9-3 所示。

3. 快捷工具区域

快捷工具区域显示了很多设计快捷图标,包含标准工具栏、布线工具栏、布线编辑工具栏等内容。部分快捷图标可能由于操作失误关闭了,可在此栏的空白区域右击,然后勾选相应的工具栏工具,即可将其显示出来,如图 9-4 所示。

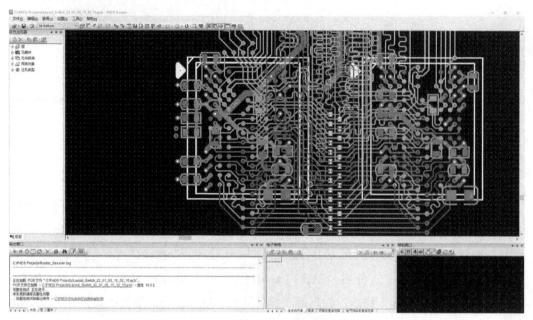

图 9-1　PADS Router 组件界面

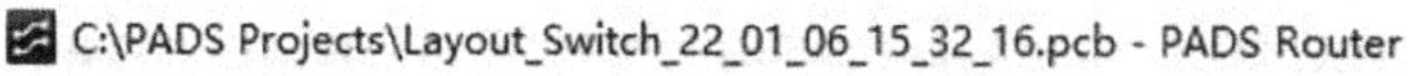

C:\PADS Projects\Layout_Switch_22_01_06_15_32_16.pcb - PADS Router

图 9-2　标题栏

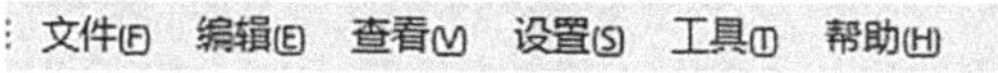

文件(F)　编辑(E)　查看(V)　设置(S)　工具(T)　帮助(H)

图 9-3　菜单栏

图 9-4　调用快捷工具栏

4. 项目浏览器区域

项目浏览器区域显示了层、元器件、网络对象、过孔类型等元素，设计时主要会使用到网络对象的内容，如图 9-5 所示。

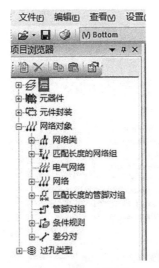

图 9-5　项目浏览器区域

9.2　PADS Router 组件默认选项设置

和 PADS Layout 组件类似，使用 PADS Router 组件前，可执行菜单命令【工具】→
【选项】进行默认选项参数设置，常用的设计选项包括全局、颜色、显示、布局、正
在填充、文本和线、布线、测试点、制造、设计验证等，如图 9-6 所示。部分选项
与 PADS Layout 组件选项是联动的，在 PADS Layout 组件内设置后，同样的选项会在
PADS Router 组件内体现。

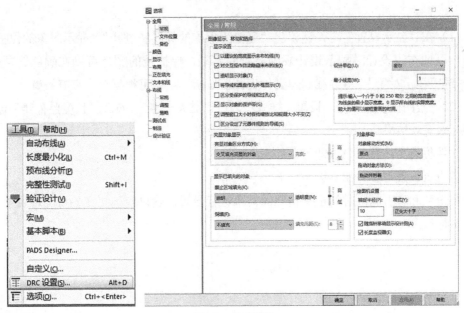

图 9-6　选项设置

1. 全局设置

常规页设置可参考图 9-7。

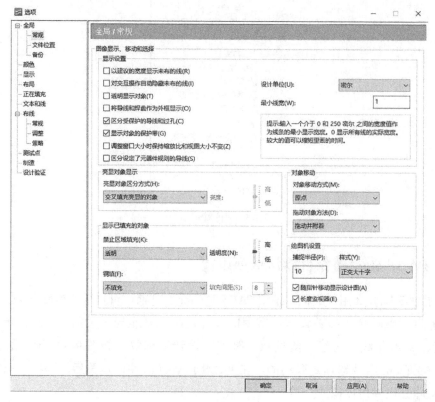

图 9-7　常规页设置

（1）在"显示设置"内，建议将"区分受保护的导线和过孔""显示对象的保护带"勾选，以便布线设计时显示设计规则检查的界限，保护带的颜色可以在颜色选项内调整。"透明显示对象""将导线和焊盘作为外框显示"项也可根据个人喜好设置。

（2）"绘图机设置"内，设置"样式"为"正交大十字"，勾选"长度监视器"选项，方便观察等长结果。

文件位置页按默认设置即可，如图 9-8 所示。

备份页设置可参考图 9-9。

备份数和备份间隔时间根据自己的需来进行设置，建议勾选"在备份文件名中使用设计名称"。

图 9-8　文件位置页设置

图 9-9　备份页设置

2. 颜色设置

颜色页可对背景、选择、连线、板框等对象进行颜色设置，如图 9-10 所示。

颜色设置根据个人的喜好进行，可将常用的显示内容保存，以便后期调用，从而减少设置次数。

3. 显示设置

显示页按默认设置即可，如图 9-11 所示。

4. 布局设置

布局页设置可参考图 9-12，推荐勾选"移动带扇出的元器件"。

5. 正在填充设置

正在填充页设置可参考图 9-13，此页选项在 PADS Layout 组件内设置完成后不需要再设置。

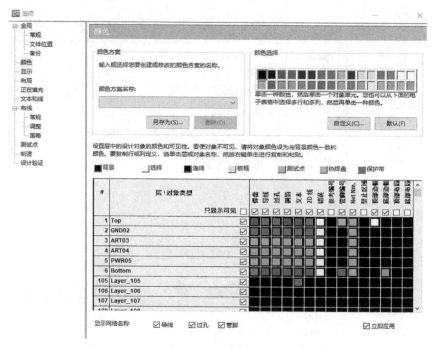

图 9-10　颜色页设置

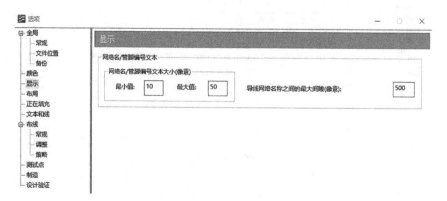

图 9-11　显示页设置

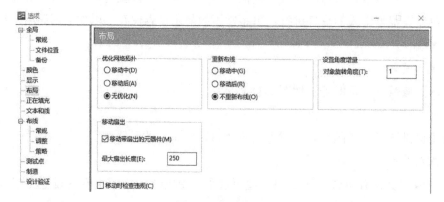

图 9-12　布局页设置

图 9-13　正在填充页设置

6. 文本和线设置

此页按默认设置即可，如图 9-14 所示。

图 9-14　文本和线页设置

7. 布线设置

布线下常规页设置如图 9-15 所示。

（1）"交互式布线"下，推荐选择"动态布线"选项，可根据情况勾选"重新布线时允许回路"选项，选择后不会自动删除有环路的布线，该项只有在处理电源时勾选。不建议勾选"创建线段时保护导线和过孔"选项，勾选该项后会让布线和过孔处于保护状态。

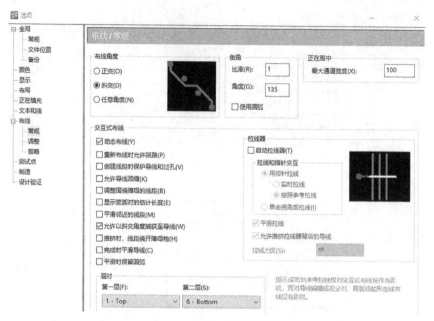

图 9-15　布线下常规页设置

（2）"层对"下一般会选择 Top、Bottom。

（3）"拉线器"下一般根据情况勾选，勾选后在布线时会自动优化布线路径，常规状态下建议不勾选。

布线下调整页设置如图 9-16 所示。

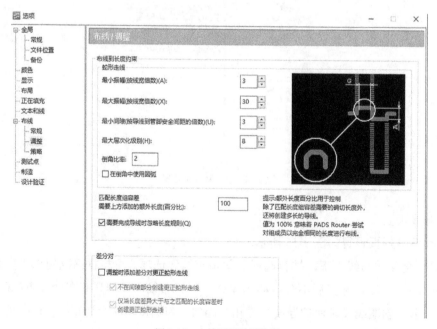

图 9-16　布线下调整页设置

（1）"最小间隙"推荐为 3，即等长间距为 3 倍线宽，如等长空间受限，则可根据情况调整为 2，不建议比 2 小。

（2）一般不勾选"在倒角中使用圆弧"选项，高速信号要求布线为弧形时勾选。

（3）一般不勾选"调整时添加差分对更正蛇形走线"，在自动布线时勾选。

布线下策略页设置按默认设置即可，如图 9-17 所示。

图 9-17　布线下策略页设置

其他如"测试点""制造""设计验证"设置一般不做特殊处理，按系统默认设置就行。

9.3　PADS Router 组件与 PADS Logic 及 PADS Layout 组件同步协作

（1）PADS Logic 组件既可以和 PADS Layout 组件同步设计，也可以与 PADS Router 组件同步设计。在 PADS Logic 组件中执行菜单命令【工具】→【PADS Router】，可将 PADS Logic 与 PADS Router 进行同步，执行此操作时建议不要打开多个设计，以免系统同步错文件，如图 9-18 所示。

（2）设计时在 PADS Layout 组件中布局并完成规则设置，可切换到 PADS Router 组件布线。在 PADS Layout 组件中执行菜单命令【工具】→【PADS Router】，可将 PADS Layout 组件中设计内容切换到 PADS Router 组件，如图 9-19 所示。

（3）在 PADS Router 组件中可通过单击快捷工具栏上的"Layout"按钮，将设计切换到 PADS Layout 组件内，互相切换前建议对文件进行保存，如图 9-20 所示。

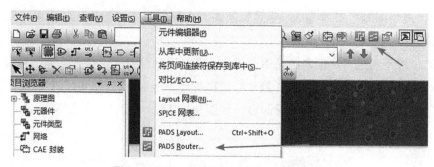

图 9-18　PADS Logic 与 PADS Router 组件同步

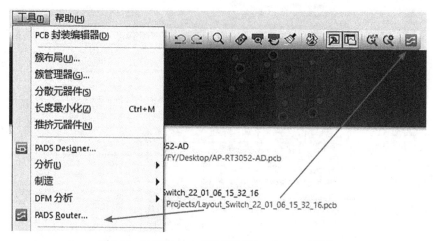

图 9-19　PADS Layout 组件切换到 PADS Router 组件

图 9-20　PADS Router 组件切换到 PADS Layout 组件

9.4　PADS Router 组件快捷键设置

PADS Router 组件中快捷键的设置与 PADS Layout 组件中的操作类似。

（1）执行菜单命令【查看】→【快捷方式对话框】，可查看软件中对应的快捷键及其操作说明，如图 9-21 所示。

（2）执行菜单命令【工具】→【自定义】，在弹出对话框的"键盘和鼠标"页面可以对软件自带的快捷键进行指定或修改，如图 9-22 所示。

PADS Router 组件快捷操作大多与 PADS Layout 相似，区别之处在于，PADS Router 内拉线快捷键命令是 F3，其内执行无模命令需要添加空格，如"GD 10"，而 PADS Layout 中可使用"GD10"。

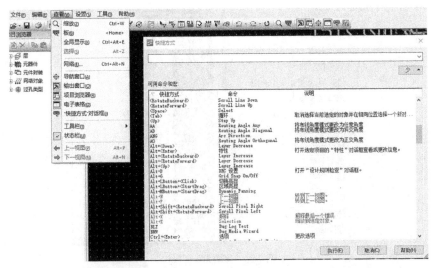

图 9-21　快捷方式说明

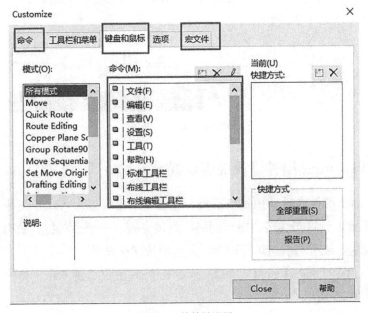

图 9-22　快捷键设置

9.5　PADS Router 组件布局操作

　　PADS Router 组件布局移动元器件操作与 PADS Layout 组件基本类似。移动快捷键为 "Ctrl+E"，翻转换面快捷键为 "Shfit+F"。

　　（1）在操作界面右击选择 "选择元器件" 命令，然后在 PCB 内单击元器件，或按快捷键 "Ctrl+E"，拖动鼠标可将元器件移动。移动期间右击选择 "翻面" 命令，可将元器件在顶层和底层之间切换，按 "Ctrl+R" 键可旋转元器件，如图 9-23 所示。

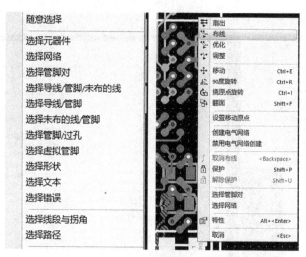

图 9-23　移动元器件操作

（2）移动时若元器件放置的位置会导致 DRC，则元器件不能被放下。此时，可将
DRC 开关关闭，如图 9-24 所示。

图 9-24　DRC 开关按钮

9.6　PADS Router 组件设计规则设置

PADS Router 组件内设计规则包括层、栅格、扇出、焊盘入口、拓扑、安全间距、
布线、过孔配置、设置布线层、同一网络、测试点等。一般会对层、扇出、安全间距、
布线、过孔配置、设置布线层进行设置，其他项按默认设置。

执行菜单命令【编辑】→【特性】，或者在 PCB 空白位置双击，弹出"设计特性"
对话框，如图 9-25 所示。

1. 层规则设置

层规则主要设置是否可进行布线，一般对需要布线的层进行"布线"列勾选，"方向"
列可不用设置，此列主要设置在自动布线时层所在信号的分布方向，如图 9-26 所示。

2. 扇出规则设置

扇出规则主要用于 BGA 器件扇出的方式，设置内容可参考图 9-27。

3. 安全间距规则设置

一般会在 PADS Layout 组件内设置好安全间距规则，间距值建议大于 4mil，以免
生产困难，如图 9-28 所示。

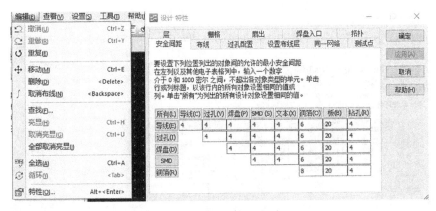

图 9-25　"设计特性"对话框

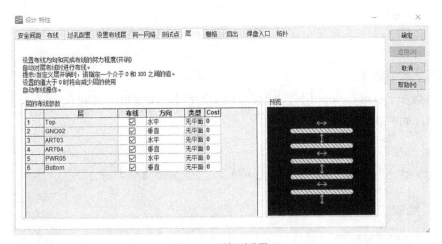

图 9-26　层规则设置

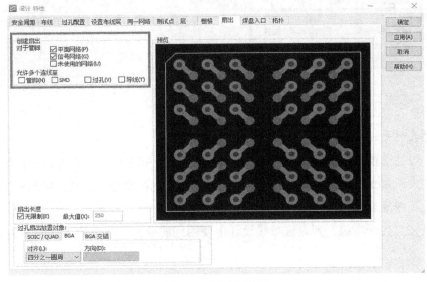

图 9-27　扇出规则设置

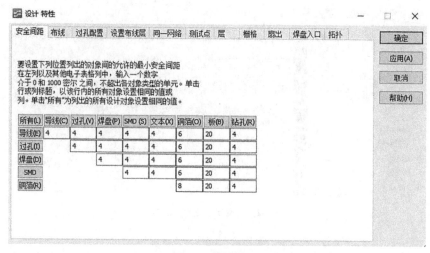

图 9-28　安全间距规则设置

4. 布线规则设置

一般会在 PADS Layout 组件内设置好布线规则，线宽最小值建议大于 4mil，以免生产困难，如图 9-29 所示。

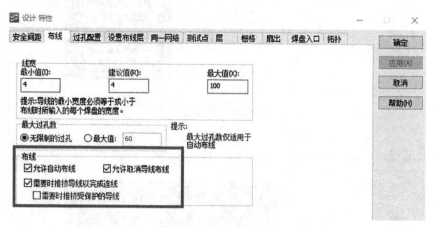

图 9-29　布线规则设置

5. 过孔配置规则设置

进行过孔配置规则设置时，需要先将过孔类型在 PADS Layout 组件内设置好，过孔孔径建议大于 8mil，设置好类型后，在"允许"列勾选需要使用的孔，如图 9-30 所示。

6. 设置布线层规则

此页在"允许布线"列勾选布线设计中使用到的层，一般全选，如图 9-31 所示。

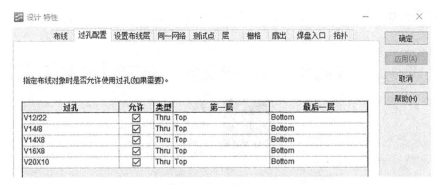

图 9-30　过孔配置规则设置

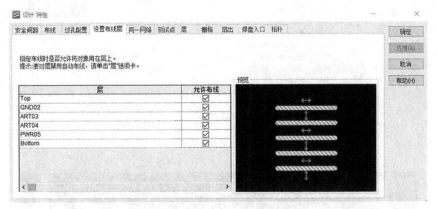

图 9-31　设置布线层规则

9.7　PADS Router 组件设计布线操作

1. 布线与修线操作

（1）布线前需将规则设置好，一般在 PADS Layout 组件内添加规则及叠层，注意，要将布线层选中。在 PADS Router 组件中执行菜单命令【工具】→【选项】，在"选项"对话框"布线 / 常规"标签页进行参数设置。选择好"布线角度""交互式布线"等参数，在层对中设置顶层和底层，一般不建议打开"拉线器"，如图 9-32 所示。

（2）设置布线格点，使用无模命令将设计格点及显示格点设置为 5mil，到 PCB 中按 F3 键，再单击焊盘，可以进行拉线处理。正在布线的信号会高亮显示，布线及焊盘白色边缘为"保护带"，如图 9-33 所示。

（3）若对布线情况不满意，可使用组合快捷键"Shift+S"进行修线处理。在英文输入状态下使用组合快捷键"Shift+S"，出现"V"字标识，然后选中需要进行调整的线进行微调。

（4）若需要对部分信号线进行删除，则按 Backspace 键，并选中要删除的线即可删除；若需要删除多条线，则可以利用"Shift+左键"进行多选，然后删除。

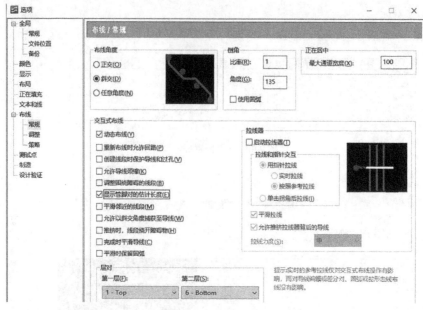

图 9-32 布线参数设置

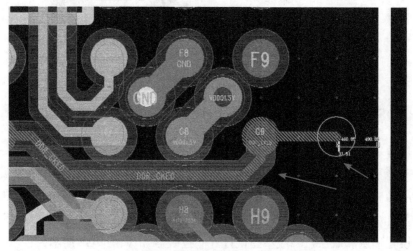

图 9-33 拉线

2.过孔操作

（1）在 PADS Layout 组件内设置好过孔类型，然后在"过孔配置"页将使用的过孔勾选。

（2）有多个过孔类型时，可以先指定当前设计中使用的过孔类型。布线操作期间，右击选择"过孔类型"中的"通孔类过孔"或"自动类过孔"命令，然后选择当前设计需要用到的过孔类型，如图 9-34 所示。

图 9-34　选择过孔类型

（3）拉线期间右击选择"以过孔结束模式"命令，若选择"以过孔结束"命令，则在布线期间使用"Ctrl+ 单击"可将过孔添加到 PCB 内。建议选择"以没有过孔结束"选项，配合在拉线期间使用 F4 快捷键，可在布线时添加过孔，代替"Ctrl+ 单击"功能，而让"Ctrl+ 单击"执行布线结束命令。过孔扇出时需注意 DRC，若生成过孔的位置有焊盘或其他信号布线，则会导致添加过孔失败，可打开所有层在空白处添加过孔，或者添加过孔时关闭 DRC 开关，过孔添加后进行修线处理，如图 9-35 所示。

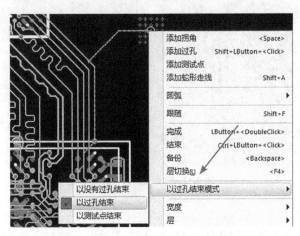

图 9-35　执行"以过孔结束模式"命令

（4）除上述添加过孔方式之外，还可在 PCB 右击选择"选择网络"命令，通过单击焊盘或信号线选择网络，右击选择"添加过孔"命令，会生成此网络的过孔，将过孔放置到 PCB 内的合适位置。注意，若有 DRC，则过孔会添加失败，如图 9-36 所示。

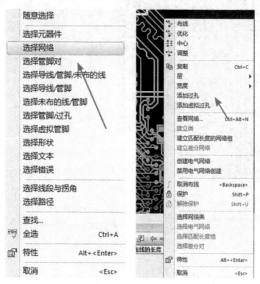

图 9-36　添加过孔

（5）常规过孔扇出方式建议如图 9-37 所示。

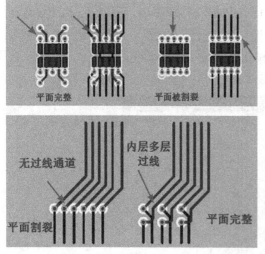
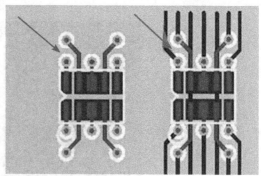

图 9-37　常规过孔扇出方式

3. BGA 扇出介绍

（1）BGA 扇出前需设置好规则，将 BGA 下方的器件挪走，清除所有层布线，若扇出时有 DRC，则会导致扇出失败。扇出前将格点设置为 PIN 间距的一半或 0，设置为

PIN 间距一半时需将精度设置好，否则会导致设置的格点四舍五入，设置失败。选择好合适的过孔，一般 BGA 扇出会选择 8mil 过孔，过孔孔径太大会导致违背设置的规则，从而产生报错。

（2）在 PCB 空白处双击，再在弹出的"设计特性"对话框中的"扇出"页将选项设置好，如图 9-38 所示。

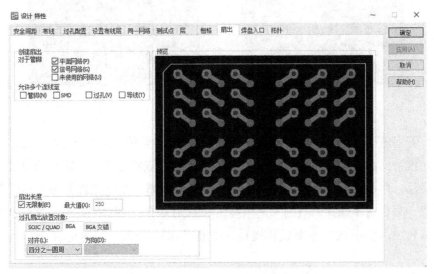

图 9-38　扇出页设置

（3）在 PCB 空白处右击选择"选择元器件"命令，再在 PCB 中选择元器件，右击选择"扇出"命令，软件会自动对 BGA 元器件进行过孔扇出，如图 9-39 所示。

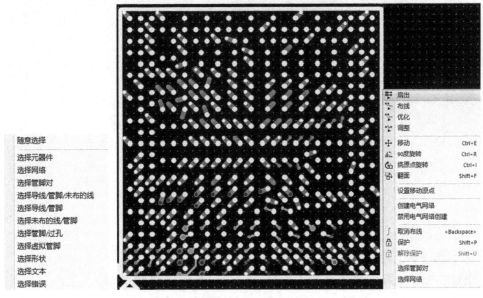

图 9-39　扇出过孔

（4）推荐的 BGA 扇出方式如图 9-40 所示，BGA 中间留有十字通道以满足 IC 电源载流。

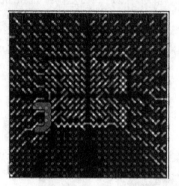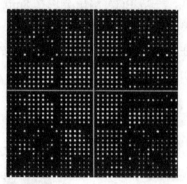

图 9-40　推荐的 BGA 扇出方式

（5）若扇出失败是因规则设置错误而产生 DRC 导致的，则可到 PADS Layout 组件内设置好规则，若规则设置太多，搞不清楚是由哪个规则导致的，则可将 PCB 内部所有规则删除，再重新设置。在 PADS Layout 内执行菜单命令【文件】→【导出】，导出 ASC 文件，导出时不选择"规则"选项会消除 PCB 内部全部规则，然后将此 ASC 文件导入新的 PCB，保存 PCB 重新设置规则，再进行 BGA 扇出，如图 9-41 所示。

图 9-41　导出不带规则的 ASC 文件

4. 铜皮绘制

PADS Router 组件铜皮处理与 PADS Layout 组件操作的类似，一般铜皮会先在 PADS Router 中处理，再到 PADS Layout 内进行灌铜处理。

（1）单击"绘图操作"图标，再单击"覆铜平面"图标，如图 9-42 所示。

图 9-42 单击"覆铜平面"图标

（2）在操作界面右击选择"多边形"选项，并绘制铜皮形状，如图 9-43 所示。绘制完成后右击选择"完成"选项，绘制前注意设置好格点。

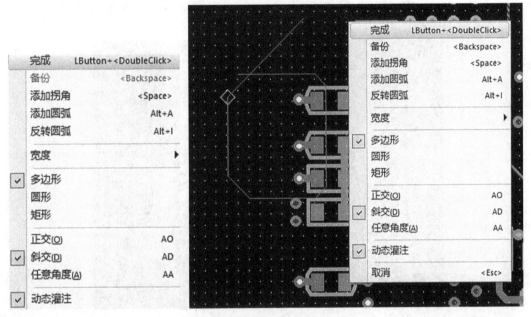

图 9-43 绘制铜皮形状

（3）在弹出的"覆铜平面属性"对话框内的"覆铜平面"页填上铜皮线宽度，此宽度应不小于栅格设置时铜皮的宽度，否则为网格铜显示。"位于层"栏选择铜皮所在层，"网"栏选择铜皮所属网络，如图 9-44 所示。

（4）在"正在填充"页勾选"过孔全覆盖"选项，"灌注优先级"栏设置优先级别，数字越小，级别越高，如图 9-45 所示。

（5）绘制完成后，可使用无模命令"po"对铜皮进行显示，如图 9-46 所示。绘制铜皮时注意，面积过小会导致灌铜失败，绘制时观察附近有没有禁布区域，禁布区域内的铜皮会消除。

（6）切换到边缘显示模式时，右击选择"随意选择"命令，选中铜皮边缘并右击，选择"拉伸"命令可对铜皮进行编辑，如图 9-47 所示。

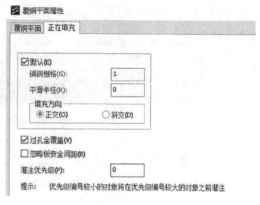

图 9-44　覆铜平面页设置　　　　　　　　　　图 9-45　正在填充页设置

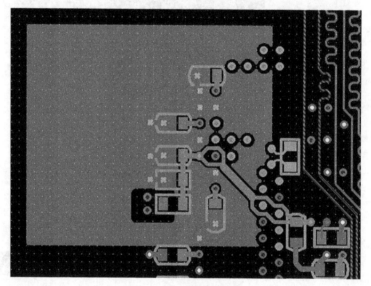

图 9-46　铜皮的显示效果

图 9-47　编辑铜皮 1

（7）若对铜皮形状不满意，则可通过"合并形状""减去形状"功能编辑形状。在PCB 内右击选择"选择形状"命令，在原有的铜皮附近绘制一个铜皮，通过这两个铜皮合并或消除编辑铜皮，绘制好铜皮后，将需要合并或消除的铜皮选中，右击选择"合并形状"命令，则会将这两个铜皮合并为一个铜皮，如图 9-48 所示，合并时铜皮网络应保持一致。

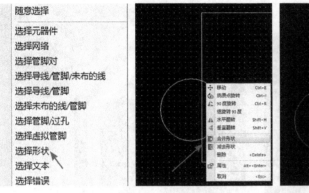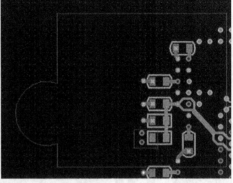

图 9-48　编辑铜皮 2

5. 差分信号处理

差分传输是一种信号传输技术，区别于传统的一根信号线一根地线的做法，差分传输在这两根线上都传输信号，这两个信号的振幅相等，相位相差 180°，极性相反。在这两根线上传输的信号就是差分信号，如图 9-49 所示。

一般在进行 PCB 设计时，习惯硬件命名时会在差分信号的信号名尾部加标识符"+"和"−"或"P"和"N"作为标识，可以通过命名来识别差分信号。常规的差分信号处理方法如下：

差分信号走线要耦合处理，即两根信号线在 PCB 设计时是紧挨着耦合的，不允许分开走线，如图 9-50 所示。

一对差分信号的两根信号线之间需要做等长处理，等长范围为 5mil，等长不需

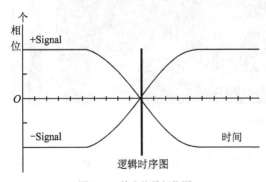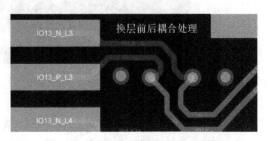

图 9-49　差分信号相位图　　　　图 9-50　差分信号布线耦合处理参考图示

要做到更小。有仿真验证，等长范围做到 5mil 以下并不能对信号质量有很大提升。等长处理的位置选择在产生长度误差的地方，等长需要做小波浪处理，如图 9-51 所示。

（1）通过原理图识别出差分信号，再在 PCB 内右击选择"选择网络"命令，将一对差分网络选中并右击选择"建立差分网络"命令，如图 9-52 所示。

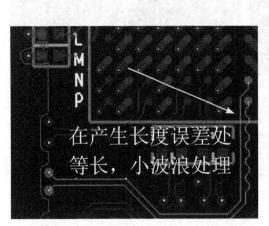

图 9-51　差分信号线小波浪处理参考图示

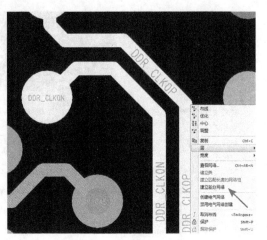

图 9-52　建立差分网络

（2）查看项目浏览器中"网络对象"下的"差分对"，可以看到生成的差分对，如图 9-53 所示。

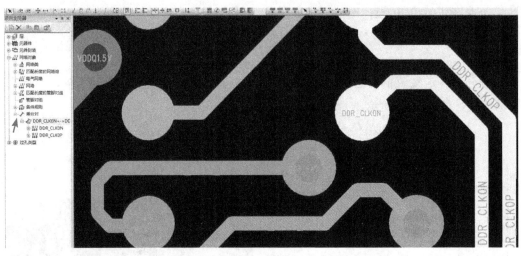

图 9-53　差分对

（3）创建好差分对，可对差分对进行规则设置。在"差分对"下选择创建的差分对名称，右击选择"特性"命令，如图 9-54 所示。

（4）在弹出的"差分对特性"对话框进行差分对宽度及间隙的添加，若是多层项目设计，则可使用"添加"按钮对层规则进行添加，如图 9-55 所示。根据阻抗计算值设置宽度与间隙值。

（5）执行交互式布线命令（按快捷键 F3）可进行差分对布线，如图 9-56 所示。在走线命令中可以通过右键进行一些特殊操作，如添加拐角、单独布线等，如图 9-57 所示。

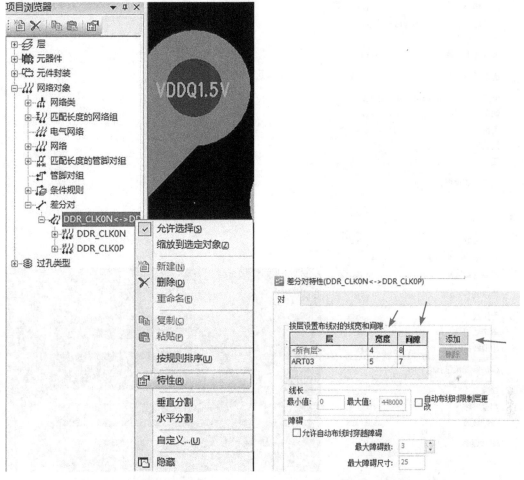

图 9-54　选择差分对特性　　　　　　　　　　图 9-55　设置差分对特性

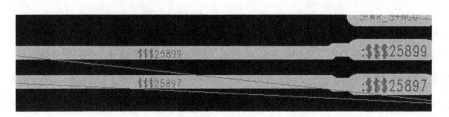

图 9-56　差分对布线

（6）布线时，如果遇到 DRC 会导致布线失败，又因拓扑情况，导致差分对信号间连接距离很近，但不能直接连上，此时可切换到 PADS Layout 内进行拉通，再进行修线处理，修线时建议设置格点为 0，以便使差分对耦合布线。修差分对信号线时，可观察信号的保护带，正常情况下差分对信号与另一信号保护带是贴着的，若有空隙，则证明差分对不耦合，需要修线处理，如图 9-58 所示。

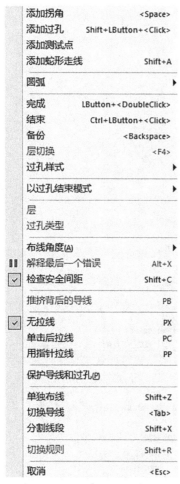

图 9-57　右键功能选项

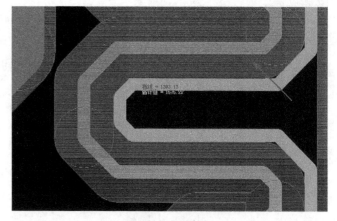

图 9-58　差分对耦合

6. 蛇形等长处理

在做 PCB 设计时，为了使某一组所有信号线的总长度满足在一个公差范围内，通常要使用蛇形走线将总长度较短的信号线绕到组内最长信号线的长度公差范围内，这个用蛇形走线绕长信号线的处理过程就是俗称的 PCB 信号等长处理，如图 9-59 所示。

一般做等长处理是为了组内信号的时序满足系统要求。例如，对于 DDR，其数据信号每 8 位一组，做 ±25mil 处理，如果此组信号等长没有在此公差范围内，信号线长度相差太大，则会导致其相对延时较长，最终使 DDR 运行速率不高。但是做设计时发现 DDR 器件等长没有做，其成品也可正常运行，并未产生影响，其原因一般是系统软件对此信号做了延时处理，在软件上做了时序控制。对于带状线来说，每 1ps 延时对应的走线长度是 6mil 左右，所以一般信号组长度每相差 6mil，其总延时为 1ps。一般做设计时等长并不用控制得太小，±10mil 就已经很好了。±10mil 等长和 ±1mil 等长在时间上的差异不超过 4ps，一般的 IC 信号裕量不止 4ps，所以做等长处理时没必要控制得过小，从而导致设计走线困难。差分信号等长是为了满足相位要求，一对差分信号相位相差 180°，如果长度相差太大，会导致其相位偏移过大。设计上具体哪些信号需要进行蛇形等长处理，可查阅高速接口或芯片模块的设计规范。

（1）在 PADS Router 里选中需要设置的多根网络（Ctrl+ 左键）并右击，在弹出的菜单中选择"建立匹配长度的网络组"命令，如图 9-60 所示。

（2）在项目浏览器中，选择"网络对象→匹配长度的网络组→ MLNetGroup1"，单

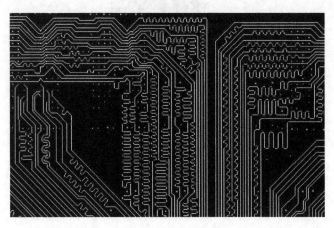

图 9-59　蛇形等长处理

图 9-60　建立匹配长度网络组

击右键在弹出的下拉菜单中选择"特性"命令，在弹出的"匹配长度组特性"对话框中设置容差值，如图 9-61 所示。

图 9-61　设置容差值

（3）执行菜单命令【工具】→【选项】，在弹出的"选项"对话框中的"布线/调整"标签页下设置蛇形走线的参数，如图 9-62 所示。将最小间隙设置为 3 倍线宽，至少 2 倍以上，不能设置得过小。

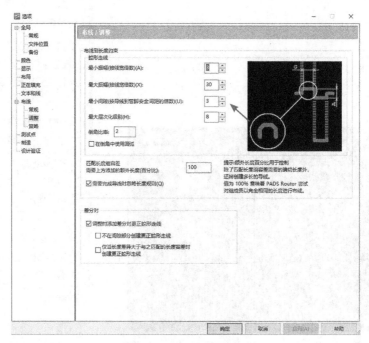

图 9-62　设置蛇形走线的参数

（4）设置完成后可进行等长处理，先将信号线连通，然后在需要进行等长的位置删除一段信号线，按 F3 键，单击线头位置，在拉线过程中单击右键，选择"添加蛇形走线"命令（或按组合快捷键"Shift+A"），如图 9-63 所示。

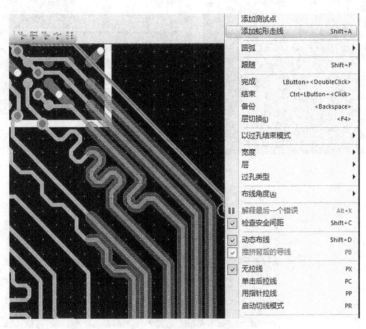

图 9-63　添加蛇形走线

（5）等长过程中，注意设置好格点，等长布线时注意拉线并控制好方向，歪了或有 DRC 可能导致软件等长失败，要多操作几遍，不熟悉等长操作或空间不足会导致等长困难。

（6）执行"添加蛇形走线"命令后，软件会计算蛇形等长的形状，将鼠标往布线前方移动，会自动生成蛇形线，选择蛇形等长的最高位置，再选择最低位置，并向前移动，软件会自动生成移动方向的蛇形线，单击结束位置，右击选择"完成蛇形走线绘制"命令，将信号连通，从而完成蛇形布线，如图 9-64 所示。

（7）执行菜单命令【查看】→【电子表格】，或者单击快捷栏中的表格快捷图标，如图 9-65 所示，可查看网络组各网络的布线长度，如图 9-66 所示，选择"网络"项，可查看建立了"匹配长度的网络组"的信号长度，此表格中"已布线长度"为真实长度，只需要关注这个值。可根据此值或颜色提示判断等长情况，等长时注意将上下拉的信号长度先删除，等长完了再连通，以免产生误差。

黄色：表示已完成的布线长度比等长要求的长度短。

绿色：表示布线长度在等长容差之内。

红色：表示布线长度超过等长要求的长度。

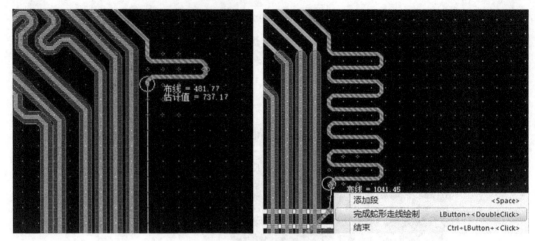

图 9-64　蛇形走线

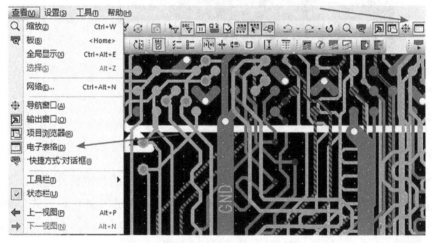

图 9-65　调用电子表格

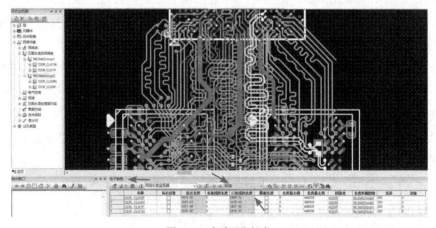

图 9-66　查看网络长度

第 10 章

STM32 数模分割设计

    本章是简单的 STM32 数模分割板的设计实例。这个简单 2 层板全流程实战项目的演练，旨在让初学者将理论和实践相结合，掌握电子设计的最基本操作技巧及思路，全面提升其实际操作技能和学习积极性。项目包含的模块有 MCU、数码管显示、SPI 存储、I²C 存储、CAN 总线电路、485 电路、232 电路、ISP 接口、TFT 接口、蜂鸣器、LED 电路、JTAG 接口、复位电路、电源供电、NRF24L01 等，如图 10-1 所示。

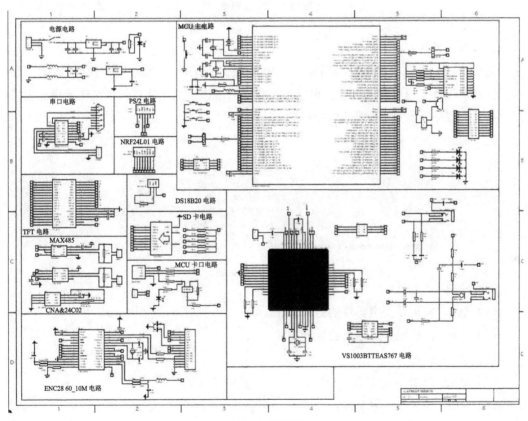

图 10-1　原理图

10.1　设计流程分析和工程文件、库的创建

1. 设计流程分析

一个完整的电子设计是从无到有的过程，设计流程包含以下几点：

（1）元件在图纸上的创建。

（2）电气性能的连接。

（3）电气设计图纸在实物电路板上的映射。

（4）电路板中实际电路模块的摆放和电气导线的连接。

（5）电路板的生产与 PCBA 的装配。

设计流程图如图 10-2 所示。

图 10-2　设计流程图

2. 工程文件的创建

对于 PADS 软件，由于原理图设计与 PCB 设计分别在三个组件中进行，因此不需要在软件中进行工程文件的创建。可以自己在桌面新建一个文件夹，将文件放置在相关文件夹内，以便于区别，如图 10-3 所示。

名称 ^	修改日期	类型	大小
dxf	2018/10/26 9:57	文件夹	
gerber	2018/10/26 9:57	文件夹	
lib	2018/10/26 9:56	文件夹	
other	2018/10/26 9:56	文件夹	
pcb	2018/10/26 9:57	文件夹	
sch	2018/10/26 9:56	文件夹	
基于Stm32平台2层数模PCB设计全程实...	2018/10/26 9:55	WPS PDF 文档	1,247 KB

图 10-3　项目文件归档

（1）dxf：板子及固定器件的结构文件。

（2）gerber：后期需要输出的生产文件。

（3）lib：库文件。

（4）pcb：PCB 设计文件。

（5）sch：原理图设置文件。

3. 库的创建

在进行设计之前，需要先建库，在库里做好原理图封装及 PCB 封装。

（1）在工程文件夹下建立一个库文件，如图 10-4 示。

图 10-4　库文件

（2）打开 PADS Logic 软件，执行菜单命令【文件】→【库】，调用库，如图 10-5 所示。添加新建的库列表，如图 10-6 所示。

图 10-5　调用库

图 10-6　添加库列表

（3）添加进去库文件之后，在库列表中更改库的优先级，将新建的库更改到最上方，然后进行应用，如图 10-7 所示。

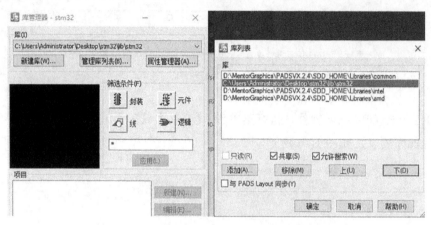

图 10-7　更改库优先级

10.2　元件库的创建

10.2.1　TFT_LCD 元件封装的创建

通过 TFT_LCD 元件封装的创建给大家做一个示例，如图 10-8 所示。

（1）执行菜单命令【文件】→【库】，新建一个逻辑库，如图 10-9 所示，进入原理图封装界面。

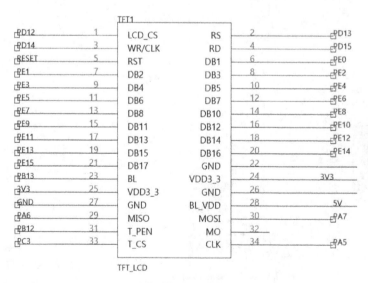

图 10-8　元件封装

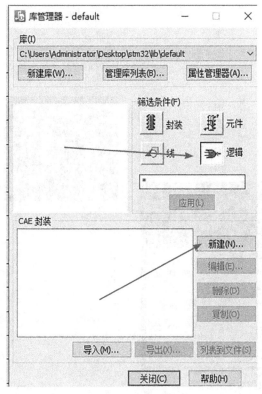

图 10-9　新建逻辑库

（2）这类规则的封装可以通过封装向导进行创建，单击封装编辑工具栏中的 ![icon] 图标，然后单击封装向导图标 ![icon]，根据原理图的管脚数目进行设置，如图 10-10 所示。

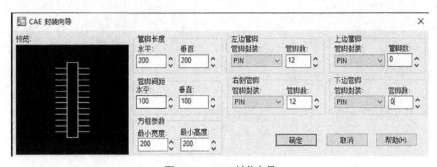

图 10-10　CAE 封装向导

（3）根据芯片资料，右击选择端点，然后双击对其编号及名称进行更改，最后保存，如图 10-11 所示。

（4）执行菜单命令【文件】→【库】，新建元件库，如图 10-12 所示。进入元件编辑界面，然后单击编辑电参数图标 ![icon]，进入元件信息界面，如图 10-13 所示。

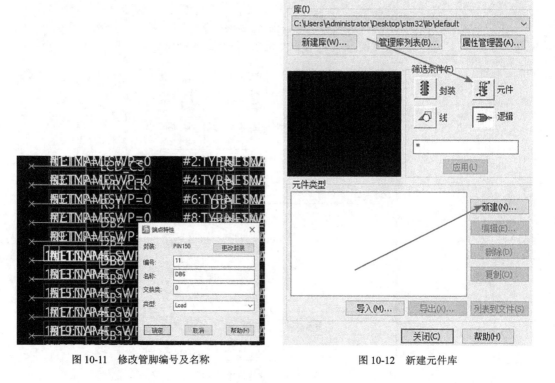

图 10-11　修改管脚编号及名称

图 10-12　新建元件库

图 10-13　元件信息界面

（5）给元件分配之前做好的逻辑，即 CAE 封装，在"门"标签页进行分配，如图 10-14 所示。根据芯片资料对管脚名进行分配，如图 10-15 所示。

（6）最后进行保存，这个 TFT_LCD 元件封装就制作完成了，使用时在库里调用。

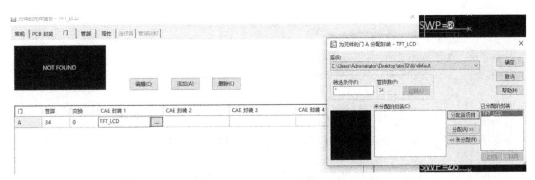

图 10-14　分配 CAE 封装

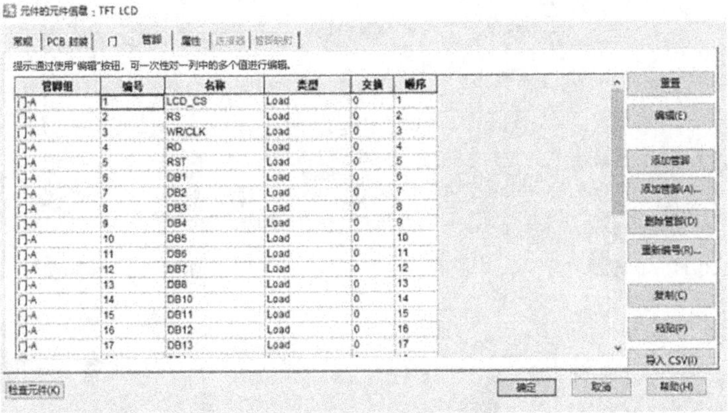

图 10-15　分配管脚名

10.2.2　LED 灯的元件库创建

本节介绍如何手动创建元件库，以 LED 元件为例，如图 10-16 所示。

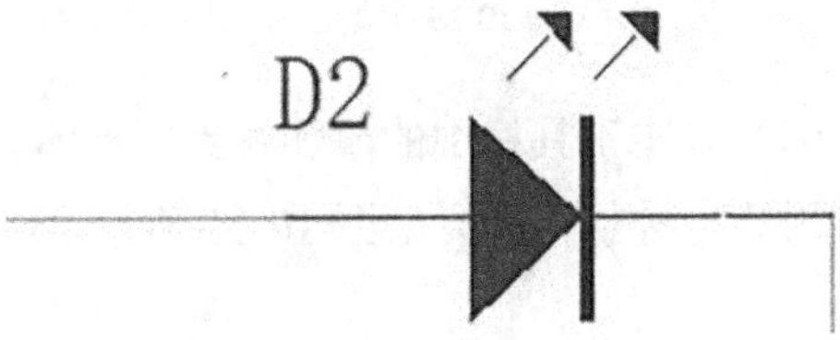

（1）新建逻辑库，进入编辑页面，如图 10-17 所示。

（2）单击封装编辑工具栏中的图标，然后单击创建 2D 线图标，用 2D 线绘制元件形状，先画一个三角形，需要对 2D 线的画法进行选择，这里选多边形，如图 10-18 所示。

图 10-16　LED 元件

（3）LED 元件的三角形有填充的形状，所以需要添加填充，选择图形并单击右键，在弹出的菜单中执行"特性"命令，进入"绘图特性"对话框，勾选"已填充"，如图 10-19 所示。

（4）按照步骤将整个形状画好，如图 10-20 所示。

图 10-17　新建逻辑库

图 10-18　绘制图形

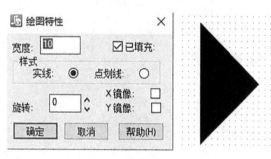

图 10-19　填充

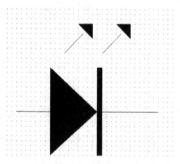

图 10-20　绘制中的 LED 图形

（5）单击工具栏中的添加端点图标🔁，进入管脚封装浏览界面，在"管脚"栏下通常采用第一种就行了，如图 10-21 所示。

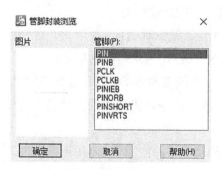

图 10-21　添加端点

（6）放置好管脚之后，双击管脚对其进行序号和名称的更改，完成后如图 10-22 所示。需要注意的是，像二极管、电阻这类元件管脚是不需要进行网络分配的。

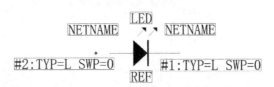

图 10-22　LED 逻辑图

（7）新建元件的信息标签页，进行 CAE 封装的分配，同上一节操作一致，如图 10-23 所示。

保存之后就可以在库里调用 LED 元件使用了。

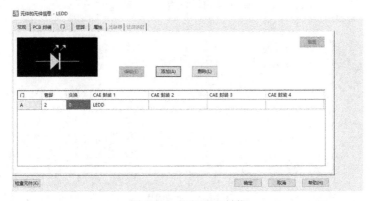

图 10-23　指定 CAE 封装

10.3　原理图设计

1. 元件的放置

（1）新建一个原理图，执行菜单命令【文件】→【新建】。

（2）单击原理图编辑工具栏中的 图标，然后单击添加元件图标 ，在弹出的"从库中添加元件"对话框中选择需要放置的元件，如图 10-24 所示。

（3）按照相应的模块进行摆放，图 10-25 摆放的是电源模块。

2. 元件的复制及属性可见性

（1）对于同一种元件，如果逐个放置会比较麻烦，可以进行复制粘贴操作。

（2）放置好之后需要设置一些元件属性的可见性，选中元件并右击，在弹出的菜单中选择"可见性"命令，在弹出的"元件文本可见性"对话框中进行设置，如图 10-26 所示。

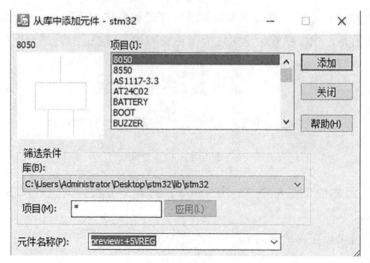

图 10-24　添加元件到原理图

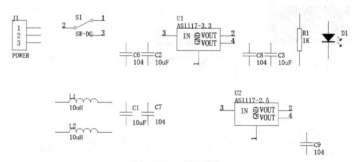

图 10-25　电源模块

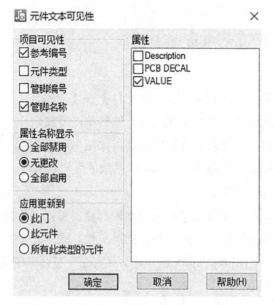

图 10-26　可见性设置

3.电气连接

放置好元件之后，需要对元件之间的连接关系进行处理，这也是原理图设计中的重中之重，由于一点点连接关系的失误可能造成板卡出现短路、开路或功能无效等问题。

（1）对于附近执行连接的元件，单击"元件编辑工具栏"中的添加走线图标 进行连线。

（2）对于远端连接的导线，采取放置网络标号（Net Label）的方式进行电气连接，双击靠近管脚的电气连线，在弹出的"网络特性"对话框中进行更改，如图 10-27 所示。

（3）对于地和电源的放置，进行连线后单击右键，在弹出的菜单中进行选中和放置操作，如图 10-28 所示。

图 10-27 "网络特性"对话框

图 10-28 添加地和电源

（4）完成电源模块后，效果如图 10-29 所示。

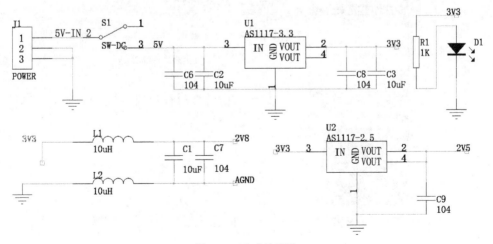

图 10-29 完成效果图

4. 非电气性能标注的放置

有时需要对功能模块进行一些标注说明，或者对添加特殊元件的说明，增强原理图的可读性。单击原理图编辑工具栏中的"创建文本"图标 🖋，放置文本标注，如电源电路，如图 10-30 所示。

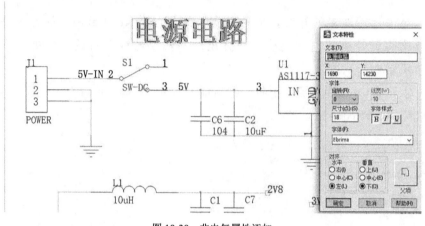

图 10-30　非电气属性添加

5. 元件位号的重新编号

完成整个产品原理图功能模块的放置和电气连接之后，需要对整体的原理图的元件位号进行重新编号，以满足元件标识的唯一性要求。

单击原理图编辑工具栏中的"自动重新编号元件"图标 📏，在弹出的"自动重新编号元件"对话框中对元件位号重新编号，如图 10-31 所示。

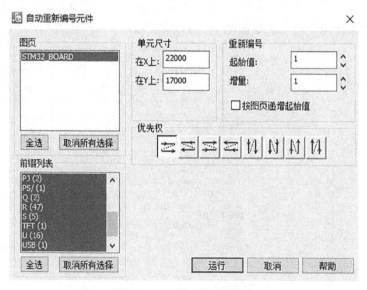

图 10-31　对元件自动重新编号

6. 原理图的编译及检查

一份好的原理图不只是完成设计，同样需要对其进行常规性检查核对。

在 PADS Logic 中可以通过发送网表来对原理图进行编译检查，单击工具栏中的 Layout 图标 ，在"PADS Layout 链接"对话框中单击"发送网表"按钮就可以在文档中进行错误查看，如图 10-32 所示。

（a）　　　　　　　　　　　　　　　　　　　　（b）

图 10-32　发送网表和检查结果

10.4　PCB 封装的制作

PCB 封装是实物和原理图之间的桥梁。封装制作一定要精准，一般按照规格书的尺寸进行封装创建。多个封装的创建方法是类似的，这里以 LQFP48 封装为例进行说明。

（1）可以通过网络找到 STM32F103C8T6 的规格书，并且找到其 LQFP48 封装的尺寸，如图 10-33 所示。

（2）从图 10-33 中获取有用数据，一般选取 TYP（中间）值来进行计算。

焊盘尺寸：长度 L=0.6mm，宽度 b=0.27mm。但是，实际上做封装的时候会考虑一定的补偿量。根据经验值，长度取值 1.5mm，宽度取值 0.3mm；相邻焊盘中心间距 e=0.5mm，对边焊盘中心间距 $=D1+(D-D1)/2$=8mm，丝印尺寸 $=D1=E1$=7mm。

（3）在绘图工具栏中单击"端点"图标 进行焊盘放置，这里放置的是贴片焊盘，如图 10-34 所示。

（4）选中放置的焊盘，单击右键，在弹出的菜单中选择"焊盘栈"命令，进入"管脚的焊盘栈特性"进行焊盘尺寸的设置，如图 10-35 所示。

（5）选中放置的焊盘，单击右键，在弹出的菜单中选择"分布和重复"命令进行焊盘的复制及摆放，如图 10-36 所示。

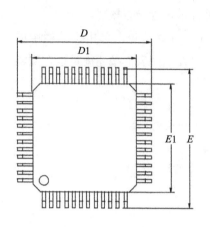

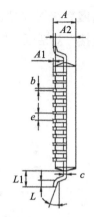

Dim.	mm			inches(1)		
	Min	Typ	Max	Min	Typ	Max
A			1.60			0.063
$A1$	0.05		0.15	0.002		0.006
$A2$	1.35	1.40	1.45	0.053	0.055	0.057
b	0.17	0.22	0.27	0.007	0.009	0.011
C	0.09		0.20	0.004		0.008
D		9.00			0.354	
$D1$		7.00			0.276	
E		9.00			0.354	
$E1$		7.00			0.276	
e		0.50			0.020	
θ	0°	3.5°	7°	0°	3.5°	7°
L	0.45	0.60	0.75	0.018	0.024	0.030
$L1$		1.00			0.039	
N	Number of pins					
	48					

图 10-33 封装尺寸图

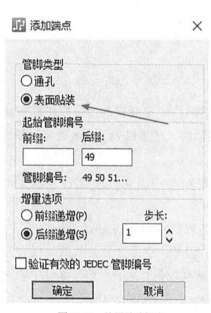

图 10-34 放置贴片焊盘

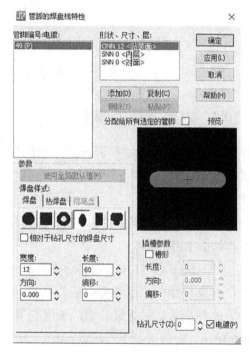

图 10-35 设置焊盘尺寸

（6）通常会将 1 脚焊盘设置得与其他焊盘有一定区别，如图 10-37 所示。

（7）丝印的绘制，用工具栏中的 2D 线进行丝印的绘制，如丝印框和 1 脚标识的绘制，如图 10-38 所示。

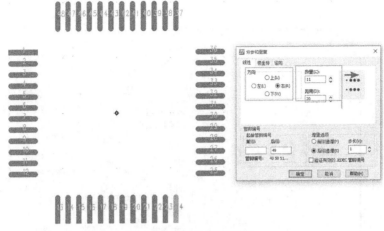

图 10-36　焊盘的复制及摆放

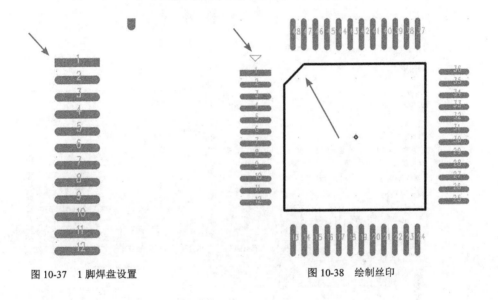

图 10-37　1 脚焊盘设置　　　　　　　　　　图 10-38　绘制丝印

（8）选择绘制工具栏中的放置"文本"图标，进行文本的添加，如图 10-39 所示。

（9）执行菜单命令【设置】→【设置原点】，将原点设置在器件中心，从而完成封装制作。

10.5　元件封装的分配

元件和封装都创建好之后，需要对封装进行匹配，这样才能从原理图转换成 PCB，从而进行布局布线。

返回 PADS Logic 界面，选中元件，单击右键，在弹出的菜单中选择"特性选项"命令，进入"元件特性"对话框，然后单击"PCB 封装"按钮，对元件进行封装匹配，如图 10-40 所示。

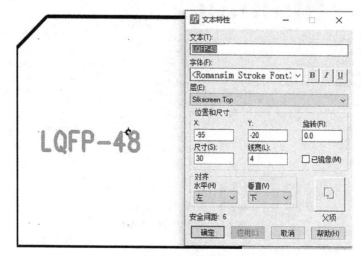

图 10-39　添加文本

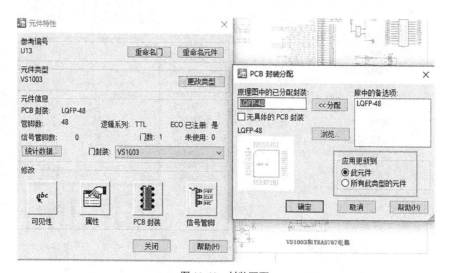

图 10-40　封装匹配

* 这里可以选择更新当前元件，或者更新至原理图的所有相同类型的元件。

10.6　PCB 导入

（1）PCB 导入是通过发送网表的方式进行的，单击工具栏中的🔲图标，进入 PADS Layout 链接页面，单击"发送网表"按钮，如图 10-41 所示。在弹出的报告中进行检查，如果没有错误或错误为允许的情况，就是导入成功。反之，便要对错误进行修改。

（2）从原理图导入封装到 PCB 之后的效果图如图 10-42 所示，此时需要对元器件进行分散操作，执行菜单命令【工具】→【分散元器件】，完成后的效果图如图 10-43 所示。

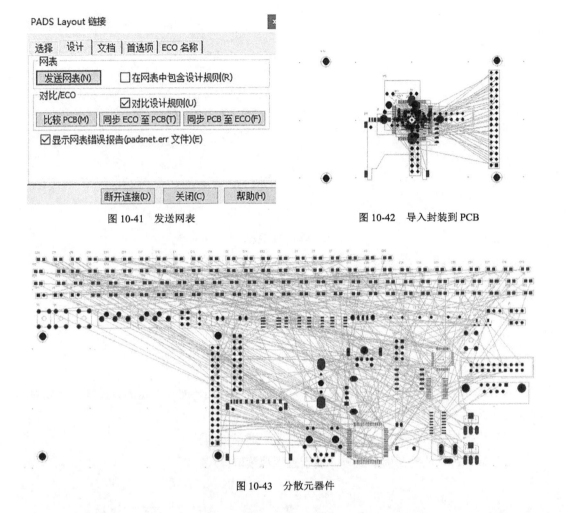

图 10-41 发送网表   图 10-42 导入封装到 PCB

图 10-43 分散元器件

10.7 绘制板框

导入之后，PCB 默认为 2 层板，因为这个实例就是设计成 2 层板的，所以叠层就不需要设置了，直接按照要求进行板框绘制。

板框由结构工程师进行绘制，通常导入就行，单击"绘图工具栏"图标，然后单击"板框和挖空区域"图标，可以根据坐标来选择板框绘制的大小，以此来进行板框形状的绘制，如图 10-44 所示，即完成板框绘制。

10.8 PCB 布局

由前面章节可知，PCB 布局顺序一般可以总结为图 10-45，这有助于利用模块化的思路快速完成 PCB 布局。

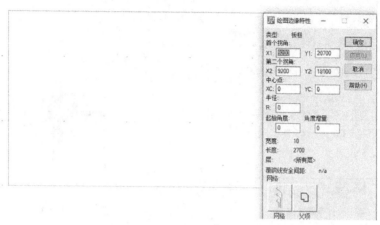

图 10-44 绘制板框

图 10-45 布局顺序

1. 放置固定元件

因为是开发板，对固定元件没有要求，但是考虑到其装配和调试的方便性，所以对固定元件进行了规划，如图 10-46 所示。

（1）拔插的接插件放置在板子的下方，便于顺手拔插。

（2）显示部分放置在板子上方，便于直观地读取。

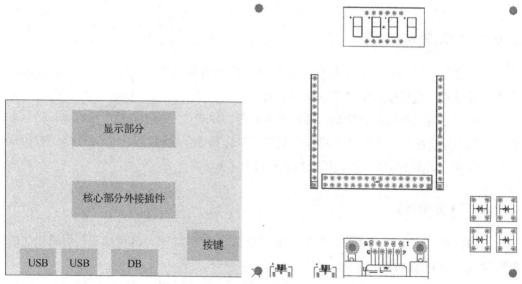

图 10-46 布局规划

（3）按键部分放置在板子右下角，便于右手进行按键操作。

规划好固定元件之后，先把相关功能模块的接插件对应摆放到位，如图 10-46 所示。

2. 交互模式与模块化布局

放置好固定元件之后，根据原理图的模块化与 PCB 的交互，把其相关模块都摆放在 PCB 的板框边缘，如图 10-47 所示，然后可以把元件的飞线打开，有助于对信号流向的分析整理。

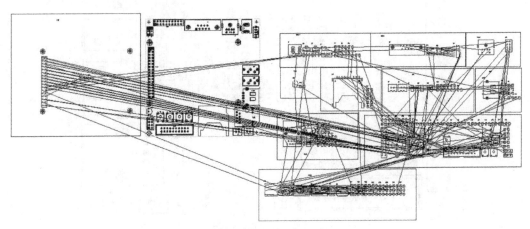

图 10-47　模块都摆放在 PCB 的板框边缘

3. 先大后小原则

先大后小原则是指，先放置主控部分的芯片，再放置体积较大的元件。

4. 局部模块化原则

局部模块化原则就是根据常用的原则进行布局，可以参考前面的常规布局原则，把每个模块的元件都摆放好并对齐，尽量做到整齐美观。

完整的布局如图 10-48 所示。

10.9　类的创建及 PCB 规则设置

完成布局之后需要对信号进行分类和 PCB 规则设置。

10.9.1　类的创建

执行菜单命令【设置】→【设计规则】，在弹出的"规则"对话框内选择"类"选项，进入"类规则"对话框，对电源设置一个 PWR 类，如图 10-49 所示。

将电源的网络添加至"已选定"栏内，PWR 类就创建完成了。

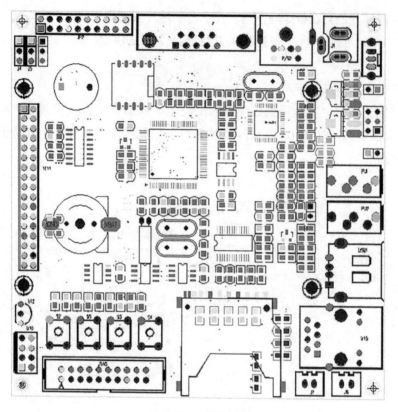

图 10-48　完整的布局

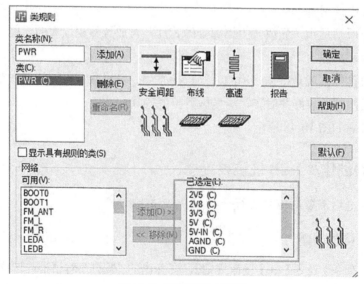

图 10-49　"类规则"对话框

10.9.2　间距和线宽规则设置

执行菜单命令【设置】→【设计规则】，在弹出的对话框中单击"默认"按钮，如图 10-50 所示。在弹出的"默认规则"对话框中单击"安全间距"按钮。然后在弹出的"安全间距规则：默认规则"对话框中对 PCB 间距规则进行设置。对于特定的类建立单独的线宽间距规则，可以在类规则中进行线宽间距值设置，如图 10-51 和图 10-52 所示。

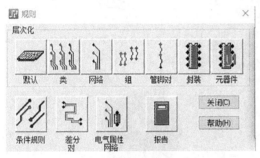

图 10-50　选择默认规则

图 10-51　设置安全间距

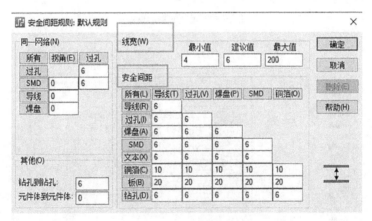

图 10-52　设置线宽间距值

10.9.3　过孔规则设置

执行菜单命令【设置】→【焊盘栈】，在"过孔"标签页进行过孔的添加设置，如图 10-53 所示。

10.9.4　铜皮连接规则设置

执行菜单命令【工具】→【选项】，在"覆铜平面"标签页里进行设置，如图 10-54 所示。

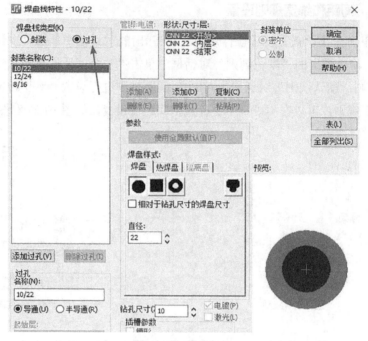

图 10-53　过孔的添加设置

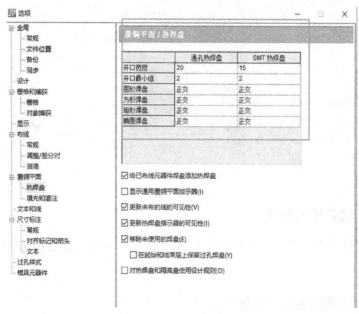

图 10-54　覆铜平面设置

10.9.5　差分类的创建和差分规则设置

之前在 PADS Router 组件中就介绍过对 USB 的一对差分进行创建及规则设置。选中差分网络，单击右键，在弹出的菜单中选择"建立差分网络"命令，然后在项目浏览器中找到"网络对象"里的"差分对"选项，右击选择"特性"命令，在弹出的"差分对特性"对话框中进行设置，如图 10-55 所示。

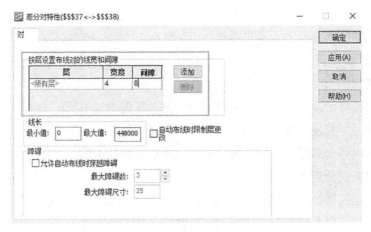

图 10-55　"差分对特性"对话框

10.10　PCB 扇孔及布线

1.PCB 扇孔

扇孔的目的是打孔占位和缩短信号的回流路径。在 PCB 布线之前，可以把短线直接先连上，利用长线进行拉出打孔操作，对于电源和 GND 过孔都是如此，如图 10-56 所示。同时，注意关注前面提到的扇孔要求。

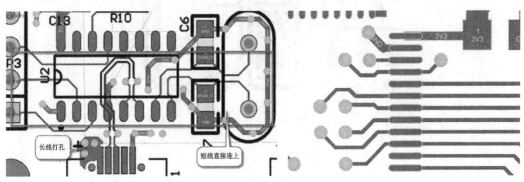

图 10-56　PCB 扇孔

2. PCB 布线的总体原则

（1）遵循模块化布线原则，不要左拉一根右拉一根，用总线走线的概念，如常用到的多根拉线快捷键"UM"。

（2）遵循优先信号走线的原则。

（3）对重要、易受干扰或容易干扰其他信号的走线进行包地处理。

（4）电源主干道加粗走线，根据电流大小来定义走线宽度；信号走线按照设置的线宽规则进行。

（5）走线间距不要过近，尽量做到 $3W$ 原则。

3. 晶振走线

晶振走线如图 10-57 所示。

（1）布局整体紧凑，一般放在主控的同一侧，靠近主控 IC。

（2）布局时尽量使电容分支短（目的：减小寄生电容）。

（3）晶振电路一般采用 π 型滤波形式，放置在晶振的前面。

（4）采取类差分走线。

（5）晶振走线需加粗处理：8 ～ 12mil，按照普通单端阻抗走线即可。

（6）对信号采取包地处理，每隔 50mil 放置一个屏蔽地过孔。

（7）晶振本体下方所有层原则上不允许走线，特别是关键信号线（晶振为干扰源）。

（8）不允许出现 Stub 线头，防止天线效应，出现额外干扰。

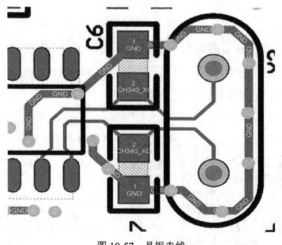

图 10-57 晶振走线

4. 电源走线

电源走线如图 10-58 所示。从原理图中找出电源主干道，根据电源大小对主干道进行覆铜走线和添加过孔，主干道不要像信号线一样只有一根很细的走线。这可以类比水管通水流：如果水流入口处太小，那么无法通过很大水流，有可能由于水流过大造成爆管；也不能入口的地方大、中间小，这种情况也有可能造成爆管。

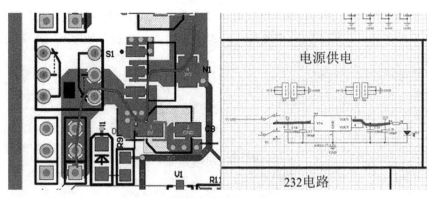

图 10-58 电源走线

5. GND 孔的放置

根据需要在打孔换层或易受干扰的地方放置 GND 孔，从而加强底层覆铜的 GND 连接。

根据上述这些布线原则和重点注意模块，可以完成其他模块的布线及整体的连通性布线，然后对整板进行大面积覆铜处理。完成布线的 PCB 如图 10-59 所示。

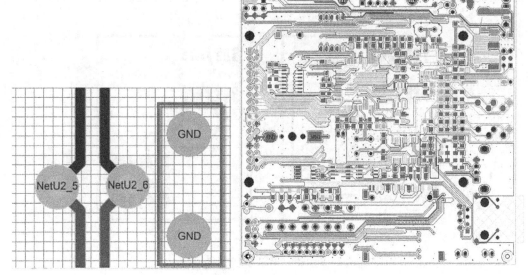

图 10-59 完成布线的 PCB

10.11　走线与覆铜优化

处理完连通性之后，需要对走线和覆铜进行优化，一般分为以下几个方面。

（1）走线间距满足 3W 原则。走线时，如果离得太近，容易引起走线之间的串扰。处理完连通性之后，可以设置一个线与线间距的规则协助检查，如图 10-60 所示。

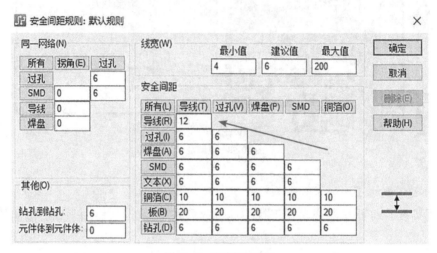

图 10-60　布线规则设置

（2）减小信号环路面积。如图 10-61 所示，走线经常会包裹一个很大的环路，环路会造成对外辐射的面积增大，同样吸收辐射的面积也增大，所以在走线优化时需要进行优化处理，减小环路面积，一般是按快捷键"Shift+S"单层显示之后进行人工检查。

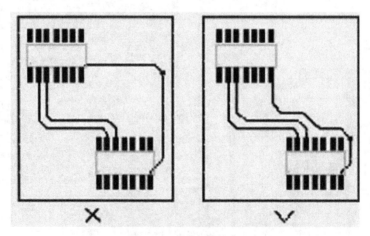

图 10-61　布线环路检查

（3）修铜。修铜主要是对一些电路瓶颈的地方进行修整，还有就是尖岬铜皮的删除，一般通过放置 Cutout 进行删除，如图 10-62 所示。

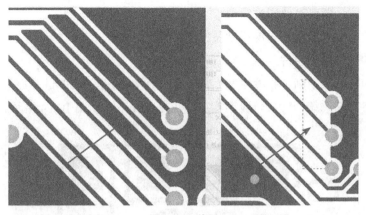

图 10-62　修铜

10.12　DRC

DRC 主要是对设置规则的验证，看看设计是否满足规则要求。一般是对 PCB 的开路和短路进行检查，特殊要求时还可以对走线的线宽、过孔的大小、丝印之间的间距等进行检查。

执行菜单命令【工具】→【验证设计】，会对连接线及安全间距进行检查，如有特殊检查，单击"设置"按钮进行选择，如图 10-63 所示。

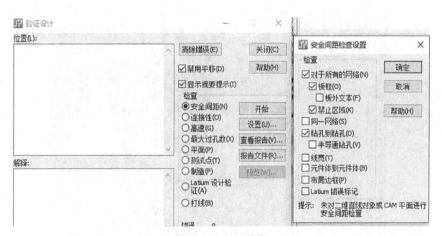

图 10-63　DRC 检查

10.13　丝印位号的调整和装配图 PDF 文件的输出

10.13.1　丝印位号的调整

后期元件装配时，特别是手工装配元件时，一般要输出 PCB 的装配图，这时丝印位号就显示出必要性了（生产时 PCB 上的丝印位号可以隐藏）。颜色设置显示丝印层及其对应的阻焊层，即可对丝印进行调整。

以下是丝印位号调整遵循的原则及常规推荐尺寸。

（1）丝印位号不上阻焊。

（2）丝印位号要清晰，推荐字宽 / 字高尺寸为 4/25mil、5/30mil、6/45mil。

（3）保持方向的统一性，一般推荐字母在左或在下，如图 10-64 所示。

图 10-64　丝印位号推荐位置

10.13.2　装配图 PDF 文件的输出

调整丝印位号之后，就可以进行装配图 PDF 文件的输出了。执行菜单命令【文件】→
【生成 PDF】，将相关参数设置好之后输出，输出效果如图 10-65 所示。

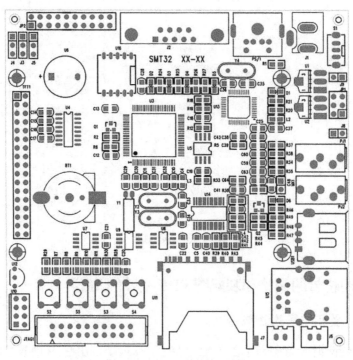

图 10-65　PDF 文件的输出效果

10.14 Gerber 文件的输出

执行菜单命令【文件】→【CAM】，需要进行输出的层如图 10-66 所示，从上至下依次是平面层（顶层和底层）、丝印层（顶层和底层）、阻焊层（顶层和底层）、钢网层（顶层和底层）、钻孔参考层、NC 钻孔层。相关设置参数及具体方法在 PADS Layout 组件中有详细介绍，设置好之后可以通过预览进行检查。

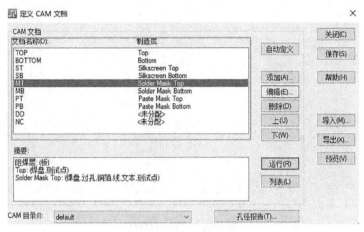

图 10-66 需输出的层

输出完成之后的文档如图 10-67 所示，如有特殊要求，需要在"加工说明"文件里添加上自己的要求。

名称	修改日期	类型	大小
BOTTOM.pho	2018/10/26 9:57	PHO 文件	542 KB
BOTTOM.rep	2018/10/26 9:57	Report File	3 KB
DRILLDRAWING.pho	2018/10/26 9:57	PHO 文件	172 KB
DRILLDRAWING.rep	2018/10/26 9:57	Report File	1 KB
drl001.drl	2018/10/26 9:57	CAMtastic NC D...	13 KB
drl001.lst	2018/10/26 9:57	LST 文件	20 KB
drl001.rep	2018/10/26 9:57	Report File	2 KB
SILKBOTTOM.pho	2018/10/26 9:57	PHO 文件	16 KB
SILKBOTTOM.rep	2018/10/26 9:57	Report File	1 KB
SILKTOP.pho	2018/10/26 9:57	PHO 文件	94 KB
SILKTOP.rep	2018/10/26 9:57	Report File	1 KB
SOLDERMASKBOTTOM.pho	2018/10/26 9:57	PHO 文件	7 KB
SOLDERMASKBOTTOM.rep	2018/10/26 9:57	Report File	2 KB
SOLDERMASKTOP.pho	2018/10/26 9:57	PHO 文件	13 KB
SOLDERMASKTOP.rep	2018/10/26 9:57	Report File	3 KB
stm32_O.ipc	2018/10/26 9:57	IPC 文件	97 KB
TOP.pho	2018/10/26 9:57	PHO 文件	562 KB
TOP.rep	2018/10/26 9:57	Report File	3 KB
加工说明.docx	2018/10/26 9:57	DOCX 文档	0 KB

图 10-67 输出文档

10.15　IPC 网表的输出

如果在提交输出文件给生产厂家的同时生成 IPC 网表供厂家核对，那么在制板时就可以检查出一些常规的开路、短路问题，可避免一些损失。

执行菜单命令【文件】→【导出】，在弹出的"文件导出"对话框中，可以选择 IPC356 网表文件的保存路径，如图 10-68 所示。

图 10-68　文件保存路径

10.16　贴片坐标文件的输出

完成制板生产之后，后期需要对各个元件进行贴片，这需要用到各元件的坐标图。

执行菜单命令【工具】→【基本脚本】，弹出"基本脚本"对话框，如图 10-69 所示，

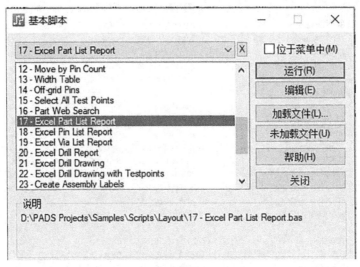

图 10-69　"基本脚本"对话框

选择第 17 项 "Excel Part List Report"，单击 "运行" 按钮，生成的 Excel 表如图 10-70 所示。

PartType	RefDes	PartDecal	Pins	Layer	Orient.	X	Y	SMD	Glued
BATTERY	BT1	BAT600	5	Top	90	625	1650	No	No
CAP	C1	0805C	2	Bottom	90	3045	2470	Yes	No
CAP	C2	0805C	2	Bottom	180	3425	3200	Yes	No
CAP	C3	0805C	2	Bottom	180	3425	2900	Yes	No
CAP	C4	0805C	2	Top	90	1925	1790	Yes	No
CAP	C5	0805C	2	Top	270	2090	1195	Yes	No
CAP	C6	0805C	2	Bottom	180	3425	3100	Yes	No
CAP	C7	0805C	2	Bottom	270	3045	2055	Yes	No
CAP	C8	0805C	2	Bottom	180	3425	3000	Yes	No
CAP	C9	0805C	2	Bottom	180	3425	2770	Yes	No
CAP	C10	0805C	2	Top	90	1825	1790	Yes	No
CAP	C11	0805C	2	Top	90	1500	1790	Yes	No
CAP	C12	0805C	2	Top	180	1155	2140	Yes	No
CAP	C13	0805C	2	Top	180	1145	2680	Yes	No
CAP	C14	0805C	2	Top	0	305	2640	Yes	No
CAP	C15	0805C	2	Top	0	305	2540	Yes	No
CAP	C16	0805C	2	Top	0	305	2440	Yes	No
CAP	C17	0805C	2	Top	180	405	2340	Yes	No
CAP	C18	0805C	2	Top	180	2208.307	2580	Yes	No
CAP	C19	0805C	2	Top	180	2208.307	1955	Yes	No
CAP	C20	0805C	2	Top	270	1275	900	Yes	No
CAP	C21	0805C	2	Top	270	1050	1200	Yes	No
CAP	C22	0805C	2	Top	270	1930	1195	Yes	No
CAP	C23	0805C	2	Bottom	90	300	1800	Yes	No
CAP	C24	0805C	2	Bottom	90	300	1525	Yes	No
CAP	C25	0805C	2	Top	0	2750	2460	Yes	No
CAP	C26	0805C	2	Bottom	0	2800	450	Yes	No
CAP	C27	0805C	2	Bottom	0	2800	575	Yes	No
CAP	C28	0805C	2	Top	270	1460	2990	Yes	No
CAP	C29	0805C	2	Top	90	1275	1790	Yes	No
CAP	C30	0805C	2	Top	90	1400	1790	Yes	No
CAP	C31	0805C	2	Top	90	1600	1790	Yes	No
CAP	C32	0805C	2	Top	90	1725	1790	Yes	No
CAP	C33	0805C	2	Top	90	1925	1575	Yes	No
CAP	C34	0805C	2	Top	270	1922.244	1447.244	Yes	No
CAP	C35	0805C	2	Top	0	2625	2975	Yes	No

图 10-70　生成的 Excel 表

10.17　BOM 的输出

打开 PADS Logic，执行菜单命令【文件】→【报告】，按照图 10-71 所示设置输出物料清单（BOM），输出结果如图 10-72 所示。输出完成后可根据自己公司的模板进行整理。

图 10-71　设置报告

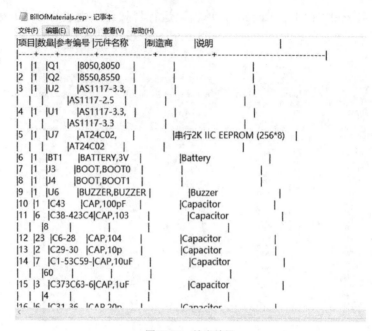

图 10-72　输出结果

第 11 章

四层 DM642 达芬奇开发板设计

很多读者只会绘制两层板，没有接触过四层板或更多层板的 PCB 设计。为了契合实际需要，本章介绍一个四层核心板的设计实例，以此作为引子，让读者对多层板设计有一个概念。

本章对四层核心板的设计流程讲解突出两层板和四层板的相同点和不同点。因为不管原理图是两层还是多层设计都是一样的，所以不再进行详细讲解。

11.1 实例简介

开发板一般由嵌入式系统开发者根据需求自己定制，也可由用户自行研究设计。开发板是为初学者了解和学习系统的硬件和软件，同时部分开发板也提供基础集成开发环境和软件源代码及硬件原理图等。常见的开发板有 51、ARM、FPGA、DSP 开发板。

本实例以 PADS 为平台，基于 TI 的主控 DM642，全程讲解了通过 PADS 软件设计一个四层达芬奇开发板的 PCB 设计实战过程，重点掌握运用 PADS 软件设计 PCB 的全部流程，以及四层板中电源、地平面的处理方法和四层板中 BGA 芯片的处理方法。

（1）尺寸为 111mm×106mm，板厚为 1.6mm。

（2）满足绝大多数制板厂的工艺要求。

（3）走线考虑串扰问题，满足 $3W$ 原则。

（4）接口走线可以自定义。

（5）布局布线考虑信号的稳定性及 EMC。

11.2 原理图文件和 PCB 文件的新建

（1）打开 PADS Logic，执行菜单命令【文件】→【新建】，创建一个新文件，将新文件"DEMO.sch"保存到硬盘目录下。

（2）在"DEMO.sch"文件内执行菜单命令【文件】→【库】→【添加库管理列表】，选择需要添加的原理图库和客户提供的 PCB 库文件。

（3）打开 PCB 软件，执行菜单命令【文件】→【新建】，创建一个新的 PCB，命名为"DEMO.Pcb"，并保存到硬盘目录下。

11.3 封装匹配的检查及 PCB 导入

在设计之前，可以先进行导入，并查看导入情况，看是否存在封装缺失或元件管脚不匹配的情况。在原理图编辑界面，执行菜单命令【工具】→【PADS Layout】（见图 11-1）"，出现一个弹窗（见图 11-2），然后单击"发送网表"按钮即可进行 PCB 导入。

图 11-1　工具菜单

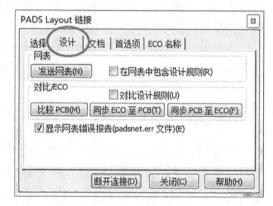

图 11-2　"PADS Layout 链接"对话框

这时出现很多报错提示，如图 11-3 所示。

（1）找不到元件类型项目：意思是没有找到这个元件的原理图封装库，或者这个原理图封装没有保存。

（2）找不到元件封装项目：意思是没有找到这个元件的 PCB 封装库，或者这个 PCB 封装没有保存。

11.3.1 封装匹配的检查

（1）在原理图编辑界面，执行菜单命令【文件】→【库】，进入库管理器，可以查看所有元件的封装信息。

（2）确认所有元件的封装名称是否能对应上，如果对应不上，就会存在元件网络无法导入的问题，如出现"找不到元件类型……"。

（3）确认封装名称和封装库匹配，如果原理图中的封装名称为"C0402"，而封装库中的封装名称为"0402C"，则无法进行匹配，就会出现"找不到元件封装……"的提示。

图 11-3　PCB 的导入情况

（4）如果存在上述现象，可以在封装管理器中检查无封装名称的元件和封装名称不匹配的元件，可以按如图 11-4 所示的步骤进行封装的添加、删除与编辑操作，使其与封装库里的封装匹配上。若要修改 PCB 封装，则需要去 PCB Layout 菜单栏下面的库中修改。

（5）修改或选择完库路径后，单击"OK"按钮，再选择"工具 -PADS Layout"按钮，接着单击"发送网表"和"同步 ECO 至 PCB"按钮执行更新，如图 11-5 所示。

11.3.2　PCB 导入

（1）在原理图编辑界面按照直接导入法再一次对原理图进行导入 PCB 操作。导入之后会弹出一个文本文件，如图 11-6 所示。图中提示：管脚在 PCB 中未找到，即管脚编号对应不上，在 PCB 库中修改一下管脚编号即可。

（2）如果还存在问题，则进行检查之后再导入一次，直到全部通过为止。PCB 导入模块整理后的效果如图 11-7 所示。

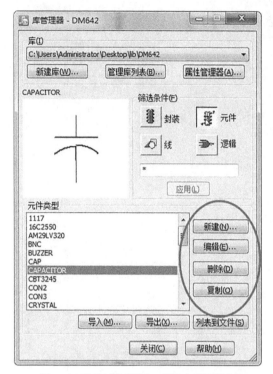

图 11-4　进行封装的添加、删除与编辑操作　　图 11-5　执行原理图封装匹配更新

11.4　PCB 推荐参数设置、叠层设置及板框绘制

11.4.1　PCB 推荐参数设置

（1）导入之后利用全局操作把元件的位号丝印调小（推荐字高为 10mil，字宽为 2mil），并调整到元件中心，不阻碍视线，方便布局布线时识别，也可以在颜色设置中把丝印的显示关闭，如图 11-8 所示。

（2）执行无模命令"G（格点捕捉）GD（格点显示）"，把网格按照如图 11-9 所示的参数进行设置（布局时将格点设置到 25，方便对齐）。

11.4.2　PCB 叠层设置

（1）根据设计要求、BGA 出线的深度（见图 11-10）、飞线的密度，可以评估需要两个走线层，同时考虑到信号质量，添加单独的 GND（地线）层和 PWR（电源）层来进行设计，所以按照常规叠层"Top GND02 PWR03 BOTTOM"方式进行叠层。

图 11-6　PCB 的导入状态

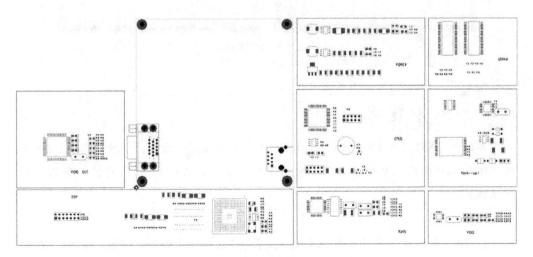

图 11-7　PCB 导入模块整理后的效果

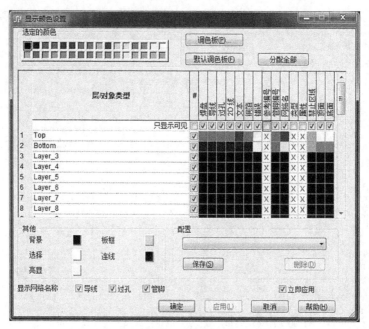

图 11-8　颜色设置

 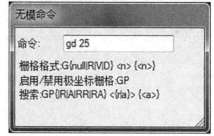

图 11-9　设置格点

 小 助 手 提 示

　　单独的 GND 层和 PWR 层的添加有别于常规的两层板设计，单独的 GND 层可以有效地保证平面的完整性，不会因为元件的摆放位置把 GND 平面割裂，造成 GND 回流混乱。

　　（2）执行菜单命令【设置】→【层定义】，进入叠层管理器，通过"修改"命令完成叠层操作。

　　（3）为了方便对层进行命名，可选中层名称，并将其更改为比较容易识别的名称，如 Top、GND02、PWR03、BOTTOM，如图 11-11 所示。

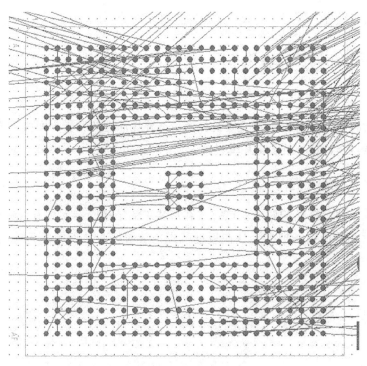

图 11-10　BGA 出线判断

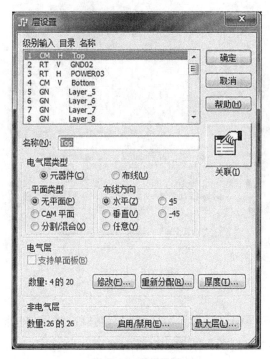

图 11-11　叠层设置

（4）单击"确定"按钮，完成四层板的叠层设置。

11.5 交互式布局及模块化布局

11.5.1 交互式布局

为了达到原理图和 PCB 两两交互的目的，需要在原理图编辑界面执行菜单命令【工具】→【PADS Layout】，激活交互模式。

11.5.2 模块化布局

（1）放置好两个接插的座子及按键（客户要求的结构固定元件），根据元件的信号飞线和先大后小的原则，把大元件在板框范围内放置好，从而完成元件的预布局，如图 11-12 所示。

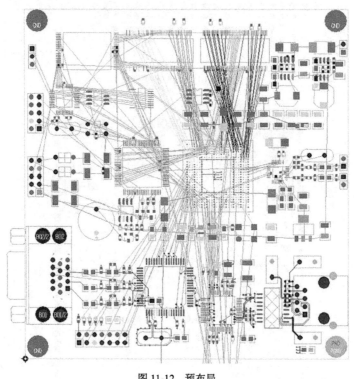

图 11-12　预布局

（2）通过交互式布局和"选择元器件移动"功能，将元件按照原理图页分块放置，并将其放置到对应大元件或对应功能模块的附近。

11.5.3　布局原则

通过局部的交互式布局和模块化布局完成整体 PCB 布局操作，如图 11-13 所示。布局遵循以下基本原则。

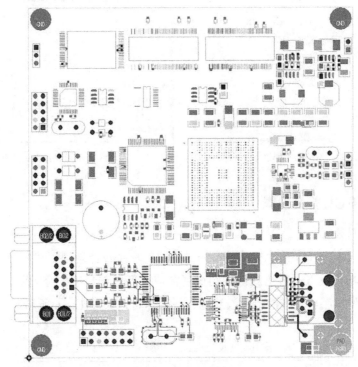

图 11-13　整体 PCB 布局

（1）滤波电容靠近 IC 管脚放置，BGA 滤波电容放置在 BGA 背面的管脚处。

（2）元件布局呈均匀化特点，疏密得当。

（3）电源模块和其他模块要有一定距离，防止干扰。

（4）布局考虑走线就近原则，不能因为布局使走线太长。

（5）布局要整齐美观。

11.6　类的创建及 PCB 规则设置

11.6.1　类的创建及颜色设置

为了更快地对信号进行区分和归类，执行菜单命令【设置】→【设计规则】→【类】，对 PCB 上功能模块的网络进行类的划分，创建多个网络类（此开发板分为以下几类：SDRAM_ADD、SDRAM_D0～SDRAM_D15、GPIO、PWR），并为每个网络类添加好网络，如图 11-14 所示。

当然，为了直观上便于区分，可以对前述网络类设置颜色。选择网络，单击右键，弹出"查看网络"对话框，选择好类，再单击右键，设置网络颜色，如图 11-15 所示。

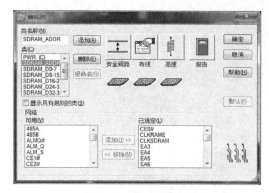 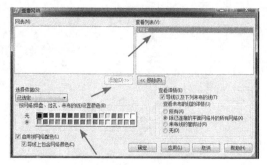

图 11-14　网络类的创建　　　　　　　图 11-15　网络颜色的设置

11.6.2　PCB 规则设置

1. 间距规则设置

（1）在 PADS Layout 内执行菜单命令【设置】→【设计规则】，进入规则管理器。

（2）选择默认设置，弹出默认规则设置窗口，可以选择"安全间距"（整板）规则的设置，按照生产厂可生产的范围设线宽、线距即可，如图 11-16 所示。

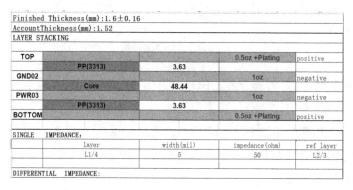

图 11-16　推荐叠层线宽

2. 线宽规则设置

（1）根据开发板的工艺要求及设计的阻抗要求，利用 SI900 软件计算一个符合阻抗的线宽值，根据阻抗值填好线宽规则。因为四层板内电层添加的是负片层，负片层用来进行 PWR 层或 GND 层分割之用，所以这里不再显示内电层的走线规则，只单独显示 Top 层和 BOTTOM 层的走线规则，最大值、最小值、建议值都设置为阻抗线宽 5mil，如图 11-17 所示。

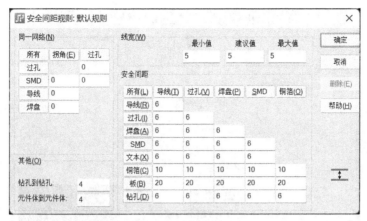

图 11-17　规则设置

（2）创建一个针对"PWR"类的线宽规则，对其网络线宽进行加粗设置，要求最小值为 10mil，最大值为 60mil，建议值为 12mil，如图 11-18 所示。

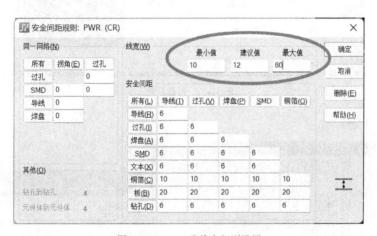

图 11-18　PWR 类线宽规则设置

3. 过孔规则设置

通过了解锡球间距来设定过孔的大小。此核心板的锡球间距为 0.8mm，可以采用 8/16mil 大小的过孔，如图 11-19 所示。

4. 正片覆铜连接规则设置

正片覆铜连接规则设置和负片连接规则设置类似，对于通孔和表贴焊盘，常采用花焊盘连接方式，对于过孔，采用全连接方式（一般是默认的，如不是，则在覆铜以后在覆铜平面的特性中修改），如图 11-20 所示。

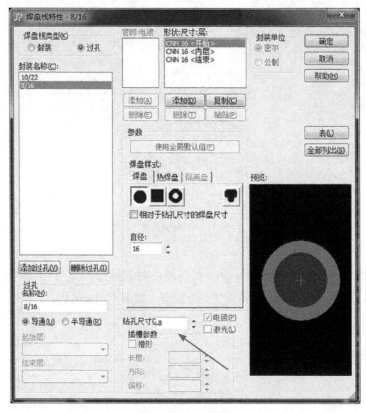

图 11-19　过孔设置

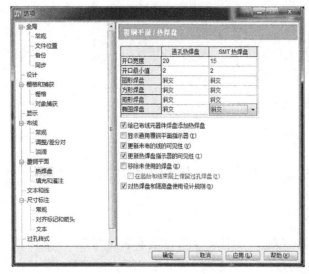

图 11-20　覆铜连接

11.7　PCB 扇孔

扇孔的目的是打孔占位和缩短信号的回流路径。

执行扇孔命令的时候需要切换到 PADS Router 软件，选择需要扇出的元器件，单击右键，执行扇出命令，配置好扇出选项，完成 BGA 自动扇出。

针对 IC 类、阻容类元件，实行手工元件扇出。元件扇出时有以下要求：

（1）过孔不要扇出在焊盘上面。

（2）扇出线尽量短，以便减小引线的电感。

（3）扇孔时注意平面分割问题，过孔间距不要太近，否则造成平面割裂。

BGA、IC 类及阻容类元件扇出效果如图 11-21 所示。

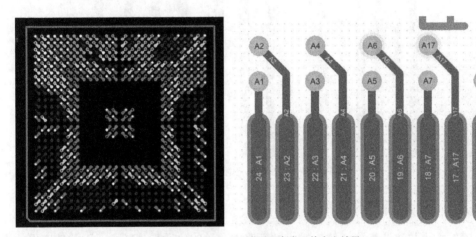

图 11-21　BGA、IC 类及阻容类元件扇出效果

11.8　PCB 布线操作

布线是 PCB 设计中最重要和最耗时的环节，考虑到开发板的复杂性，自动布线无法满足 EMC 等要求，本实例全部采用手工操作。布线应该大体遵循以下基本原则：

（1）按照阻抗要求进行走线，单端 50Ω，差分 100Ω，USB 差分 90Ω（本实例差分布线）。

（2）满足走线拓扑结构。

（3）满足 $3W$ 原则，有效防止串扰。

（4）电源线和地线进行加粗处理，满足载流。

（5）晶振表层走线不能打孔，高速线打孔换层处尽量增加回流地过孔。

（6）电源线和其他信号线间留有一定的间距，防止纹波干扰。

11.9　PCB 设计后期处理

处理完连通性和电源之后，需要对整板的情况进行走线优化调整，以充分满足各类 EMC 等要求。

11.9.1　3W 原则

为了减少线间串扰，应保证线间距足够大，当线中心距不少于 3 倍线宽时，可保证 70% 的线间电场不互相干扰，这称为 3W 原则。如图 11-22 所示，修线后期需要对此进行优化修整。

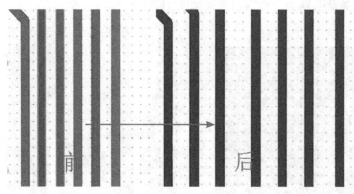

图 11-22　3W 原则优化

11.9.2　修减环路面积

电流的大小与磁通量成正比，较小的环路中通过的磁通量也较小，因此感应出的电流也较小，这就说明环路面积必须最小。如图 11-23 所示，尽量在出现环路的地方让其面积最小。

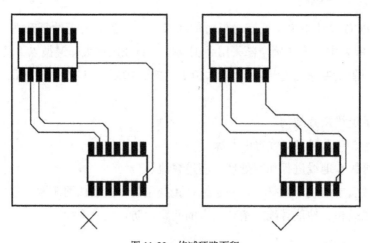

图 11-23　修减环路面积

11.9.3 孤铜及尖岬铜皮的修整

为了满足生产要求，PCB 设计中不应出现孤铜。如图 11-24 所示，可以通过设置覆铜方式来避免出现孤铜。如果出现了孤铜，应按照前面提到过的去孤铜方法进行移除。

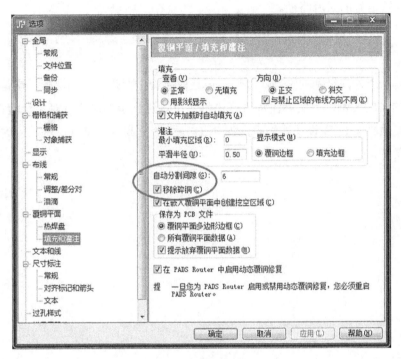

图 11-24　移除孤铜

为了满足信号要求（不出现天线效应）及生产要求等，PCB 设计中应尽量避免出现狭长的尖岬铜皮。以图 11-25 为例，可以通过放置禁布区来删除尖岬铜皮。

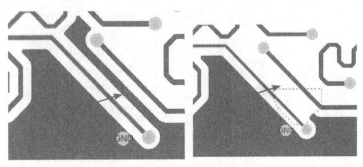

图 11-25　修铜

11.9.4　回流地过孔的放置

信号最终回流的目的地是地平面，为了缩短回流路径，在一些空白地方或打孔换层的走线附近放置地过孔，特别是在高速线旁边，可以有效地对一些干扰信号进行吸收，也有利于缩短信号的回流路径。

11.10　本章小结

本章是一个入门级别的实例，不过不再是两层板，而是一个四层板。这是一个高速 PCB 设计的入门实例，以实际流程进行讲解，可以进一步加深读者对设计流程的把握，同时开始接触高速 PCB 设计的知识，为 PCB 技术的提高打下良好的基础，为迎接实际工作做好准备。

第 12 章

六层 TVBOX 设计

理论是实践的基础，实践是理论的检验标准。本章通过一个 TVBOX 的实例回顾前面的内容，让读者更加充分了解并吸收设计中具体的流程要点、重点、难点及相关注意事项。

考虑到实际练习的需要，本章所详述的实例文件可以联系作者免费索取。因为篇幅限制及内容安排，这部分内容采取增值视频教程的方式，供广大读者学习。视频中将对整个 PCB 设计过程进行全程实战演练，使读者完全掌握设计规则的设置、布局布线、电源设计、DDR 设计、EMC/EMI 等要点和难点。

12.1 实例简介

本实例以 ORCAD+PADS 为平台，基于全志系列 H3 芯片设计的 4K 高清安卓智能 TVBOX，全程讲解了通过 PADS 工具进行六层通孔液晶电视盒的 PCB 设计。

全志 H3 是全志科技旗下的完整 4K 智能电视机顶盒解决方案，基于四核 Cortex-A7 CPU 架构，支持 H.265/HEVC 4K@30fps 视频硬解，采用 ARM Mali 系列的图形处理架构，工作频率超过 600MHz，内置基于 ARM TrustZone 安全技术的 t-Coffer，集成全志科技最新的 SmartColor 丽色显示引擎。

全志 H3 芯片的性能、参数：存储方面支持 LPDDR2/LPDDR3/DDR3/DDR3LSDRAM、支持 8 位 SLC/MLC/ 色谱 /efnand64 位 ECC；视频方面支持 H.265/HEVC 4K@30fps 的视频硬解、支持多格式 1080p@60fps 视频硬解，包括 H.264bp/mp/hp，VP8，mpegl/2，mpeg4sp/aspgmc 等；显示方面支持 HDMI 输出有 HDCP、支持 HDMICEC、支持 HDMI30 功能、集成 CVBS、支持 HDMI 和 CVBS 信号同时输出；相机方面支持 8 位 YUV422CMOS 传感器接口、支持 NTSC 和 PALCCIR656 协议、支持 5mpixel 摄像头传感器、支持视频分辨率高达 1080p@30fps。

1. 功能框图

产品功能框图如图 12-1 所示。

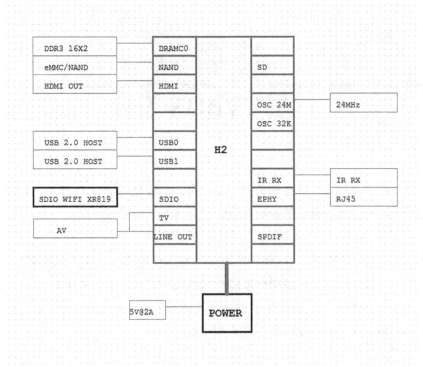

图 12-1　产品功能框图

2. 结构设计

在产品规划阶段推荐选择能在主控下方摆放电容的结构设计，这样滤波电容可以很好地进行滤波。此实例采用矩形板进行设计，如图 12-2 所示，并对其相关参数进行了要求。

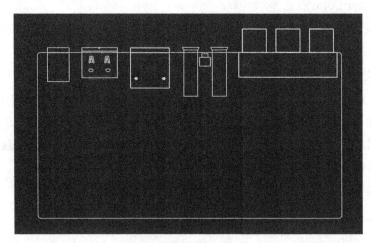

图 12-2　矩形板结构

（1）板厚为 1.6mm。

（2）接插件大部分放置在 Top 层，一些小的电容、电阻等元件可放 BOTTOM 层。

（3）为防止定位孔干涉，定位孔位 2mm 内禁止布局元件。

12.2 叠层结构及阻抗控制

为了保证产品的性能和稳定性，PCB 设计部分相当关键。

为了保证 RK3288 有更高的性能，推荐使用六层及以上的 PCB 叠层结构设计。铜箔厚度建议采用 1oz（盎司，1oz=28.35g），以改善 PCB 的散热性能。

12.2.1 叠层结构的选择

如以下方案一、方案二所示，此处列出 1.6mm 的常用叠层结构。一般来说，考虑到信号屏蔽等因素，优先选择方案一，同时考虑到走线难度问题，也可以选择方案二作为叠层结构。

12.2.2 阻抗控制

一般设计中存在几种阻抗控制要求。

（1）单端信号走线为 50Ω 阻抗。

（2）WiFi 天线，隔层参考 50Ω 阻抗。

（3）HDMI、LVDS 等差分走线控制 100Ω 阻抗。

（4）网口差分走线为 100Ω 阻抗。

（5）USB、USB HUB 等差分走线为 90Ω 阻抗。

综合阻抗计算方法及叠层要求，进行如下阻抗设计。

（1）方案一：采用 Top GND02 ART03 PWR04 GND05 BOTTOM 叠层结构。阻抗设计要求如表 12-1 所示。

实际完成板厚（mm）：1.6±0.16
理论计算板厚（mm）：1.49
层压结构

TOP			0.5oz +Plating	正片
	PP(3313)	3.63		
GND02			1oz	负片
	Core	20.08		
ART03			1oz	正片
	PP(1080*2)	4.84		
PWR04			1oz	负片
	Core	20.08		
GND05			1oz	负片
	PP(3313)	3.63		
BOTTOM			0.5oz +Plating	正片

方案一

实际完成板厚（mm）：1.6±0.16				
理论计算板厚（mm）：1.53				
层压结构				
TOP			0.5oz +Plating	正片
	PP(3313)	3.76		
GND02			1oz	负片
	Core	3.94		
ART03			1oz	正片
	PP(1080*2+0.71+1080*2)	38.38		
ART04			1oz	正片
	Core	3.94		
PWR05			1oz	负片
	PP(3313)	3.76		
BOTTOM			0.5oz +Plating	正片

方案二

表 12-1　方案一叠层阻抗设计要求

单端走线阻抗				
层	线宽 /mil	阻抗 /Ω	误差范围	参考层
L1/L6	5.5	50	±10%	L2/5
L3	4.0	50	±10%	L2/4
差分走线阻抗				
L1/L6	5.0/7.0	90	±10%	L2/5
L3	5.0/5.0	90	±10%	L2/4
L1/L6	4.1/8.5	100	±10%	L2/5
L3	4.5/7.5	100	±10%	L2/4

（2）方案二：采用 Top GND02 ART03 ART04 PWR05 BOTTOM 叠层结构。阻抗设计要求如表 12-2 所示。

表 12-2　方案二叠层阻抗设计要求

单端走线阻抗				
层	线宽 /mil	阻抗 /Ω	误差范围	参考层
L1/L6	5.7	50	±10%	L2/5
L3/L4	5.3	50	±10%	L2/5
差分走线阻抗				
L1/L6	5.0/7.0	90	±10%	L2/5
L3/L4	5.0/5.0	90	±10%	L2/5
L1/L6	4.1/8.2	100	±10%	L2/5
L3/L4	4.1/8.2	100	±10%	L2/5

12.3　设计要求

1. 过孔设计

根据生产及设计难度，推荐过孔全局 8/16mil，BGA 区域最小 8/14mil。

2. 3W 原则

为了抑制电磁辐射，走线间尽量遵循 3W 原则，即线与线之间保持 3 倍线宽（W）的距离，差分线间距满足 4W 的距离，如图 12-3 所示。

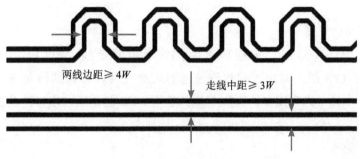

两线边距≥4W　　走线中距≥3W

图 12-3　走线间距要求

3. 20H 原则

为了抑制电源辐射，PWR 层尽量遵循 20H 原则，如图 12-4 所示。不过一般按照经验值，GND 层相对板框内缩 20mil，PWR 层相对板框内缩 60mil，也就是说，PWR 层相对 GND 层内缩 40mil。在内缩的距离中隔 150mil 左右放置一圈地过孔。

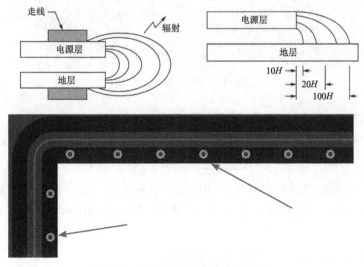

图 12-4　20H 原则及屏蔽地过孔的放置

3W 原则：为了减少线间串扰，应保证线间距足够大，当线中心距不少于 3 倍线宽时，则可保证 70% 的线间电场互不干扰。

20H 原则：将 PWR 层内缩，使得电场只在 GND 层的范围内传导，以一个 H（PWR 层与 GND 层之间的介质层厚度）为单位，内缩 20H 可以将 70% 的电场限制在接地边沿内，内缩 100H 则可以将 98% 的电场限制在内。

4. 元件布局的规划

Top 层或 BOTTOM 层用来摆放主要元件及信号走线，如 CPU、DDR3、Flash、WiFi 等；BOTTOM 层主要用来摆放滤波电容等小元件，如果结构允许，也可摆放大元件，在设计中如考虑有限高，则底层就只放置 0402 的电阻、电容，其他元件都放在正面。

5. 覆铜完整性

覆铜完整性的要求如图 12-5 所示。从设计上保证主控下方覆铜的完整性及连续性，能够提供良好的信号回流路径，改善信号传输质量，提高产品的稳定性，同时也可以改善铜皮的散热性能。

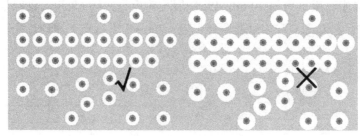

图 12-5　覆铜完整性的要求

6. 散热处理

（1）布线时，需注意不要将热源堆积在一起，而要适当分散开来；大电流的电源走线尽量短、宽。

（2）根据热量的辐射扩散特性，CPU 使用散热片时，最好以热源为中心，使用正方形或圆形散热片，一定要避免长条形的散热片。散热片的散热效果并不与其面积大小成倍数关系。

（3）设计时可以考虑采用如下方法增强散热。

① 单板发热元件焊盘底部打过孔，开窗散热。

② 在单板表面覆连续的铜皮。

③ 增加单板含铜量（使用 1oz 表面铜厚）。

④ 在 CPU 顶面及 CPU 对应区域的 PCB 正下方贴导热片。

目前可选择的散热处理方法比较多，建议对不同方法进行比较验证，找到适合自己机器的散热处理方法。

7. 后期处理要求

（1）关键信号需要增加丝印说明，如电池焊盘管脚、接插件的脚序等。

（2）芯片第 1 脚需要有明显的标注，且标注不能重叠或隐藏在元件本体下。

（3）确认方向元件 1 脚的位置是否正确。

（4）在接插件焊接脚位添加文字标注，方便后期调试。

12.4　模块化设计

12.4.1　CPU 的设计

1. 电容的放置

CPU 电源布线时需要一些电容。滤波电容（也作旁路电容）放置在距离电源较近的位置。用旁路电源位置引入的高频信号，如果不加旁路电容，高频干扰可能从电源部分引入芯片的内部。退耦电容在数字电路高速切换时起到缓冲电压变化的作用。一般来说，大电容放置在主控芯片背面（或就近），以保证电源纹波在 100mV 以内，避免在大负载情况下引起电源纹波偏大。

在本实例中由于结构限制，小电容靠近 CPU 背面进行放置，大电容就近放置在 CPU 周围及路径上，如图 12-6 所示。

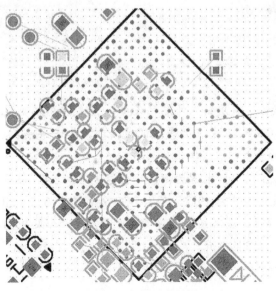

图 12-6　滤波电容的放置

2. 电源供电的设计

电源供电的设计至关重要，直接影响产品的性能及稳定性，应严格按设计中电流参数要求进行设计。VDD_CPU 为主控供电，峰值电流分别可达 3A。从电源模块输出到主控相应电源管脚之间保证有大面积的电源覆铜，一般过载通道为 3 ～ 5mm，承载过孔设置为 0.3mm（孔）/0.5mm（盘），数量为 8 ～ 14 个，可提高过电流能力，并降低线路阻抗。如图 12-7 所示为该设计的电源树枝图。

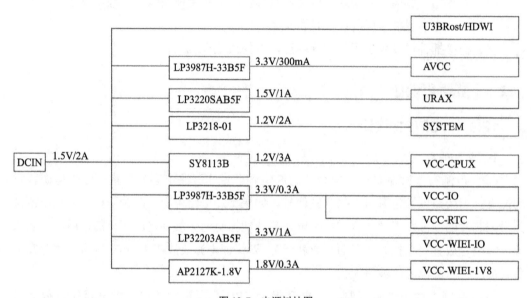

图 12-7　电源树枝图

 小助手提示

1. 走线宽度计算

PCB 走线允许的最大电流的经验计算公式为

$$I = KT^{0.44}\ A^{0.75}$$

式中，K 为修正系数，一般覆铜在外层取 0.048，覆铜在内层取 0.024；T 为允许的最大温升，单位为℃（摄氏度）；A 为覆铜的截面积，单位为 mil^2（注意，是 mil^2，不是 mm^2）；I 为允许的最大电流，单位为 A（安培）。

以 RK3288 的 VDD_CPU 电源为例，峰值电流达到 5A，假设电源走内层，铜厚为 0.8mil，允许的最大温升为 10℃，那么 PCB 走线需要 315.5mil。如果要进一步降低 PCB 电源走线的温升，就必须加大覆铜宽度。因此，如果 PCB 空间足够，建议尽量采用更宽的覆铜，以降低温升。

2. 电源换层过孔数量的计算

计算一个过孔能通过多大电流，也可以利用上述公式。过孔的铜皮宽度计算公式为 $L=R$，这里的 R 指过孔的半径。

以 0.2mm 孔径的过孔为例，铜皮厚度为 0.8mil，允许的最大温升为 10℃，那么一个过孔约可通过 420mA 电流，想通过 5A 的电流至少需要 13 个 0.2mm 孔径的过孔。在面积有限的情况下，增大电源过孔的孔径可减少过孔数量。

3. 晶振的设计

晶振是一个干扰源，本体表层及第二层禁止其他网络走线，并注意在晶振管脚及负载电容处多打地过孔。

晶振走线应尽量短，尽量不要打孔换层，走线和元件同面，并且采用 π 型滤波方式，如图 12-8 所示。

4. 其他设计

主控下方的地过孔需要足够多，如图 12-9 所示，尽可能地多打过孔，均匀放置并交叉连接，以改善电源质量，提高散热性，并提升系统的稳定性。电源信号也可以采用这种方式加大载流及散热。

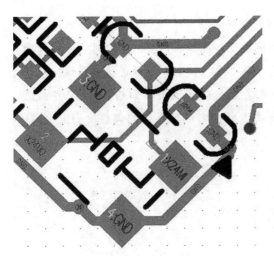

图 12-8　晶振的走线

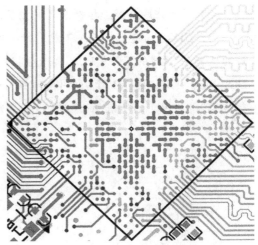

图 12-9　CPU 地及电源的连接方式

12.4.2　存储器 DDR3 的设计

1. 信号分类

可以对此实例的双通道 DDR3 的信号进行大致分类，如表 12-3 所示。

表 12-3　DDR3 的信号分类

类　别	状　态	数　量	备　注
数据线	GA：D0 ～ D7、DQM0、DQS0P、DQS0M	11	DQS 为差分线
	GB：D8 ～ D15、DQM1、DQS1P、DQS1M	11	
	GC：D16 ～ D23、DQM2、DQS2P、DQS2M	11	
	GD：D24 ～ D31、DQM3、DQS3P、DQS3M	11	
地址线	GE：ADDR0 ～ ADDR14	15	—
控制线	GF：WE / CAS / RAS / CS0 / CS1 / CKE0 / CKE1 / ODT0 / ODT1 / BA0 / BA1 / BA2	—	—
时钟线	GH：CLK、CLKN	—	时钟线为差分线
电源 / 地	GI：VCC_DDR、VREF / GND	—	—

小 助 手 提 示

（1）地址线、控制线与时钟线归为一组，因为地址线和控制线在 CLK 的下降沿由 DDR 控制器输出，DDR 颗粒在 CLK 的上升沿锁存地址线、控制线上的状态，所以需要严格控制 CLK 与地址线、控制线之间的时序关系，确保 DDR 颗粒能够获得足够、最佳的建立 / 保持时间。

（2）不允许地址线、控制线之间相互进行调换。

（3）DDR3 通道 0 的 GA 不能进行组内调换及组间调换，要求一一对应连接到颗粒的 A 或 B 通道的 D0 ～ D7，其余数据线（GB、GC、GD）可以进行组内调换（如 DDR0_D8 ～ DDR0_D15 随意调换顺序），或者进行组间调换（如 GB 与 GC 整组进行调换）；通道 1 的所有组可以根据实际需要进行组内调换或组间调换，如图 12-10 所示。

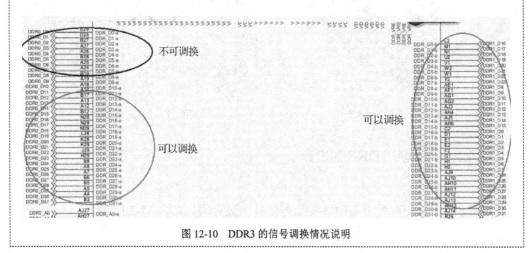

图 12-10　DDR3 的信号调换情况说明

2. 阻抗控制要求

数据线、地址线及控制线单端走线控制 50Ω 阻抗，DQS 差分线和时钟差分线需要控制 100Ω 差分阻抗。具体的走线线宽与间距可以参考阻抗叠层章节。

3. DDR3 的布局

本实例中 DDR 为两片 DDR，拓扑结构采用 T 点设计，两片 DDR 中心对齐，对称放置，并预留等长的空间，不宜过近或过远，关于 CPU 中心对齐。DDR3 滤波电容要靠近 IC 管脚摆放，可以考虑放到 IC 背面。主芯片和 DDR 颗粒的每个 VCC_DDR 管脚尽量在芯片背面放置一个退耦电容，并且过孔应该紧挨着管脚放置，以避免增大导线的电感。DDR3 的布局如图 12-11 所示。

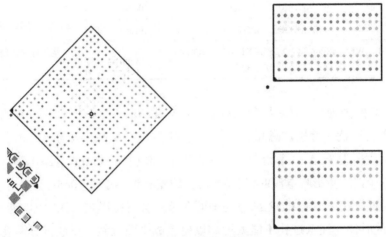

图 12-11　DDR3 的布局

4. DDR3 的布线

（1）同组同层：为了尽量保证信号的一致性，数据线尽量做到同组同层，如 GA 组 11 条信号线走在同一层，GB 组 11 条信号线走在同一层；地址线、控制线没有这个要求。

（2）3W 原则：为了尽量减少串扰的产生，信号线之间要满足 3W 原则，特别是数据线之间；组与组之间满足 3W 及以上间距；差分线与信号线之间满足 3W 及以上间距；差分 Gap 间距满足 3W 及以上间距，同时振幅不要超过 180mil。

（3）平面分割：为了不使阻抗突变，所有属于 DDR 的信号线不允许有跨分割的现象，即不允许信号线穿越不同的电源平面。

（4）等长要求：

① GA ～ GD 组中数据线及 DQSP、DQSM 之间的线长误差控制在 5 ～ 50mil（速率越高，要求越严格）；每组内的 DQSP、DQSM 差分对内误差控制在 5mil 以内；组与组的数据线不一定要求严格等长，但是要尽量靠近，控制在 120mil 以内。

② GE、GF、GH 组的信号线的线长误差控制在 100mil 以内，时钟差分需要控制对内误差为 5mil。

DDR3 的等长要求如表 12-4 所示。

表 12-4　DDR3 的等长要求

类　别	状　态		误差要求
数据线	GA：D0 ～ D7、DQM0、DQS0P、DQS0M	5 ～ 50mil	GA、GB、GC、GD 两两组之间误差为 120mil 差分对内误差为 5mil
	GB：D8 ～ D15、DQM1、DQS1P、DQS1M	5 ～ 50mil	
	GC：D16 ～ D23、DQM2、DQS2P、DQS2M	5 ～ 50mil	
	GD：D24 ～ D31、DQM3、DQS3P、DQS3M	5 ～ 50mil	
地址线	GE：ADDR0 ～ ADDR14	100mil 以内	GE、GF、GH 三组一起等长 差分对内误差为 5mil
时钟线	GH：CLK、CLKN	100mil 以内	
控制线	GF：WE/CAS/RAS/CS0/CS1/CKE0/CKE1/ODT0/ODT1/BA0/BA1/BA2	100mil 以内	

（5）VREF 的处理：VREF 尽量靠近芯片；VREF 走线尽量短，且与其他数据线分开，保证其不受干扰（特别注意相邻上、下层的串扰）；VREF 只需要提供非常小的电流（输入电流大概为 3mA）；靠近每一个 VREF 管脚放置一个 1nF 旁路电容（每路电容数量不超过 5 个，以免影响电源的跟随特性）；线宽建议不小于 10mil。

（6）保证平面完整性：DDR 部分的平面完整性会直接影响 DDR 的性能及兼容性；在设计 PCB 的时候，注意过孔不能太近，以免造成平面割裂，一般推荐两孔中心间距大于 32mil，两孔之间可以穿插铜线，如图 12-12 所示。

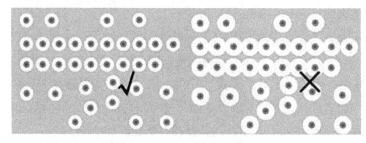

图 12-12　DDR3 的平面完整性

12.4.3　存储器 NAND Flash / EMMC 的设计

1. 原理图

全志 H3 芯片支持 NAND Flash、EMMC 等存储设备。使用 NAND Flash 时，控制器及颗粒供电 VCC_NAND 为 3.3V，而不同版本的 EMMC，其控制器及颗粒供电

VCC_NAND 可能为 1.8V（EMMC4.1 以上）或 3.3V，设计时根据数据表调整并修改。FLASH0_VOLTAGE_SEL 默认 3.3V 时下拉到 GND，1.8V 时上拉到 VCC_NAND，如图 12-13 所示。

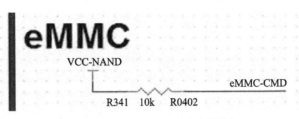

图 12-13　FLASH0_VOLTAGE_SEL 上拉状态

小助手提示

（1）EMMC 在使用时建议 VCC_NAND 用 1.8V 供电，才能稳定跑高速。

（2）FLASH1 通道不支持 EMMC Flash。

（3）默认 Boot 由 FLASH0 通道引导，不可修改。

EMMC 默认为 1.8V LDO 供电，如图 12-14 所示，可兼容 EMMC4.1 以下颗粒，可以使产品备料范围更广。

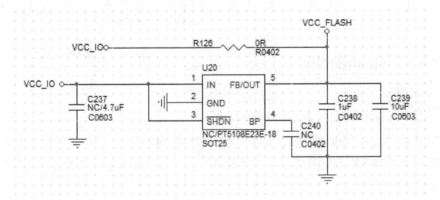

图 12-14　EMMC 供电兼容

为了方便在开发阶段进入 Mask Rom 固件烧写模式（需要更新 Loader），在使用 NAND Flash 时 FLASH_CLE 需预留测试点，在使用 EMMC 时 EMMC_CLKO 也要预留测试点，如图 12-15 所示。

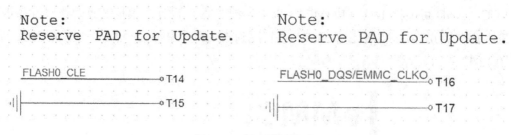

图 12-15　测试点的添加

2. PCB 部分

（1）NAND Flash 与 EMMC 一般通过双布线兼容设计，EMMC 的出线方式如图 12-16 所示。EMMC 芯片下方在覆铜时，焊盘部分需要增加覆铜禁布框，避免铜皮分布不均匀而影响散热，从而导致贴片时出现虚焊现象。

（2）线尽量走在一起，并包地处理，空间允许的情况下可以等长处理，误差不要超过 ±100mil，以提高 EMMC 的稳定性和兼容性。

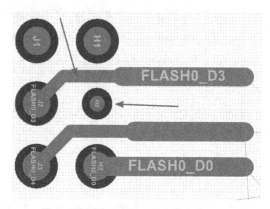

（3）EMMC 器件是 Pitch 间距为 0.5mm 的 BGA，为了避免局部使用较小的线宽和间距增加整体生产难度及成本，无用的焊盘可以采用改小的办法出线，如图 12-16 所示。

图 12-16　EMMC 的出线方式

12.4.4　HDMI 的设计

1. 原理图

原理图中的管脚定义如图 12-17 所示。

HDMI 信号走线需按 3W 原则要求进行；为抑制电磁辐射，建议差分信号线整组包地，并保证走线参考面连续完整；走线尽量少换层，因为过孔会造成线路阻抗的不连续。

2. PCB

（1）差分匹配电阻的作用：

① ESD 作用。

② 微调电阻。

③ 放置要求：靠近接口，并排放置。

（2）差分信号线布线要求：

① 四对差分之间的等长误差为 10mil，同一对差分组内等长误差为 5mil。

② 差分对与差分对之间保持 3W 以上的间距。

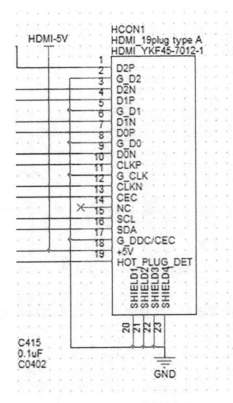

图 12-17　HDMI 的管脚定义

③ 靠近 GND 层走线。

④ 包地处理。

12.4.5　百兆网口的设计

以太网是现在最普遍的局域网技术。Ethernet 接口的实质是 MAC 通过 MII 总线控制 PHY 的过程。以太网接口电路主要由 MAC 控制器和物理接口构成，目前常见的网口接口芯片有 LXT971、RTL8018、CS8900、DM9008 等。

网口布局示意图如图 12-18 所示。

布局布线的原则如下。

（1）挖空变压器下面所有层。

（2）选择最优的信号层布线，过孔数量不要超过两个。换层的时候在孔的周边加上回流地过孔。

（3）网口模块的电源线要粗，而滤波电容的放置位置和数量要合理。

（4）RJ45 和变压器之间的距离应尽可能缩短。

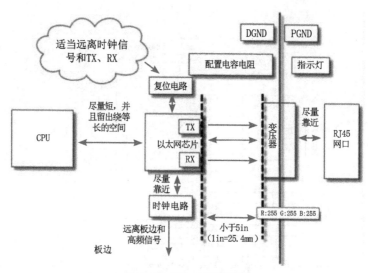

图 12-18　网口布局示意图

（5）复位电路应尽可能靠近网口转换芯片，远离电路板边缘、其他高频信号、I/O
端口，以及走线或磁性元件。

（6）百兆网口为两对差分，对内等长应做到 5mil 以内。电源和地的处理如图 12-19
所示。

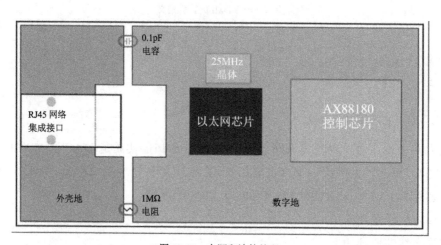

图 12-19　电源和地的处理

12.4.6　USB OTG 的设计

USB 控制器参考电阻 R60、R61 选用 1% 精度的电阻，参考电阻关系到 USB 眼图
的好坏。USB 具有高达 480Mbps 的传输速率，差分信号对线路上的寄生电容非常敏感，
因此要选择低结电容的 ESD 保护元件，结电容要小于 1pF。同时，为抑制电磁辐射，

可以考虑在信号线上预留共模电感，在调试过程中根据实际情况选择使用电阻或共模电感，如图 12-20 所示。

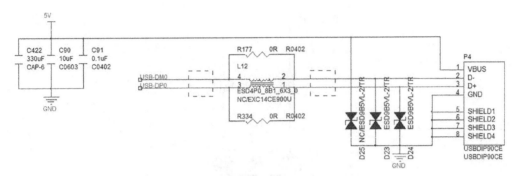

图 12-20　USB OTG 设计

布线注意事项如下。

（1）USB 差分走线越短越好，综合布局及结构进行调整。

（2）DP/DM 90Ω 差分走线，严格遵循差分走线规则，对内误差满足 5mil。

（3）为抑制电磁辐射，建议 USB 在内层走线，并保证走线参考面是连续完整的，不被分割，否则会造成差分线阻抗的不连续，并增加外部噪声对差分线的影响。空间充足的情况下进行包地处理。另外，尽量减少换层过孔，因为过孔会造成线路阻抗的不连续，如果实在需要，建议在打孔换层处放置地过孔。

（4）ESD 保护元件、共模电感和大电容在布局时应尽可能靠近 USB 接口摆放，走线先经过 ESD 保护元件及共模电感之后再进入接口，如图 12-21 所示。

（5）USB 2.0 规范定义的电流为 500mA，但是 USB_VBUS 走线最好能承受 1A 的电流，以防过流。如果是在使用 USB 充电的情况下，USB_VBUS 走线则要能承受 2.5A 的电流。

12.4.7　WiFi / BT 的设计

全志 H3 支持 SDIO 接口的 WiFi/BT 模块，采用 SDIO、UART 接口的 WiFi/BT 模块时，需要注意 SDIO、UART 控制器的供电 APIO3_VDD 要与模块 VCCIO Supply 一致，如图 12-22 所示。

注意：WiFi 需选择 ESR 小于 60Ω、频偏误差小于 20ppm 的晶振。对于晶振的匹配电容，可根据晶振规格选择合适的电容值，从而避免频偏太大而出现工作异常（如热点数较少等），如图 12-23 所示。

预留 SDIO 上拉电阻，上拉电阻（图 12-24 所示）贴片可提高信号质量。

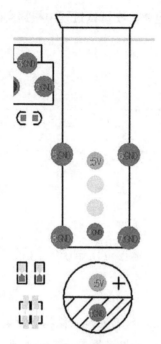

图 12-21　ESD 元件及共模电感后走线的处理

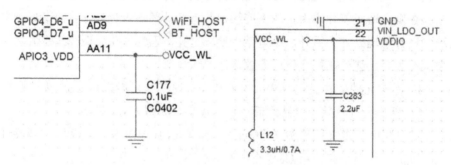

图 12-22　APIO3_VDD 供电的处理

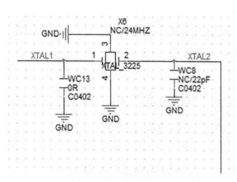

图 12-23　晶振及匹配电容

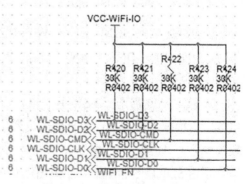

图 12-24　SDIO 上拉电阻的连接

WiFi/BT 模块属于易受干扰的模块，进行 PCB 布线时注意远离电源、DDR 等模块，在空间充足的情况下，建议添加屏蔽罩，如图 12-25 所示。

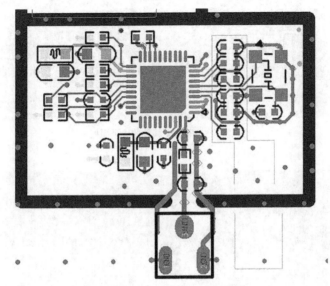

图 12-25 WiFi/BT 模块的屏蔽罩

SDIO 走线作为数据传输走线，需尽可能平行，并进行整组包地处理。如果空间充足，建议 CLK 单独包地。需避免靠近电源或高速信号布线。同时，信号组内任意两条信号线的长度误差控制在 400mil 以内，尽量等长，否则会导致 SDIO 在高速模式下频率跑不高。SDIO 走线处理如图 12-26 所示。

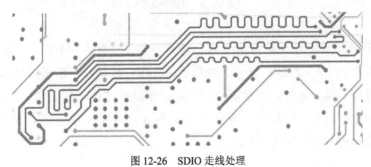

图 12-26 SDIO 走线处理

如图 12-27 所示，同样为了避免干扰，模块下方第一层保持完整的地，不要有其他信号走线，其他信号走线尽量走在内层。

晶振本体下方保持完整的地，不要有其他信号走线，晶振管脚要有足够的地过孔进行回流，如图 12-28 所示。

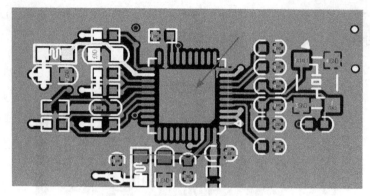

图 12-27　WiFi/BT 模块的地平面处理

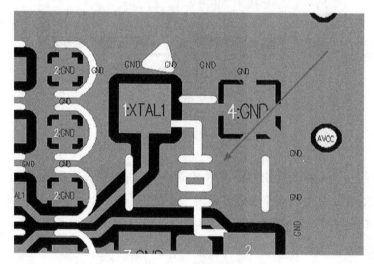

图 12-28　晶振的处理

　　天线及微带线宽度设计需考虑阻抗，阻抗严格为（50±10）Ω。走线下方需有完整的参考平面作为 RF（射频）信号的参考地，天线布线越长，能量损耗越大，因此在设计时，天线路径越短越好，不能有分支出现，不能打过孔。图 12-29 所示为 WiFi/BT 天线错误的走线方法。天线走线需转向时，不可以用转角的方法，需用弧形走线。图 12-30 所示为 WiFi/BT 天线正确的走线方法。

12.5　设计中的 QA 要点

　　一个好的产品设计需要各方面验证。原理、PCB、可生产性等在设计过程中难免会出现纰漏，处理完前述步骤之后需要对所设计的文件进行一次 QA 检查。下面列举一些产品常见的问题，方便读者对自身所设计的文件进行检查，以减少问题的产生，提高设计及生产效率。

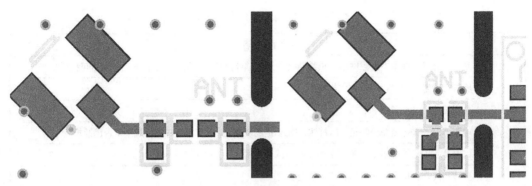

图 12-29　WiFi/BT 天线错误的走线方法

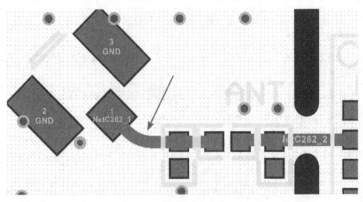

图 12-30　WiFi/BT 天线正确的走线方法

1. 结构设计部分的 QA 检查

结构设计部分的 QA 检查如表 12-5 所示。

表 12-5　结构设计部分的 QA 检查

类　别	检查内容	Y/N
结构设计要求	PCB 是否和 DXF 文件相符，定位孔数量、大小、位置是否正确	
	按键、SD 卡座、拨动开关、耳机座、USB 座、HDMI 座、MIC 等能否和 DXF 结构图对应上，是否有偏位，正反是否正确，电池、电动机焊点分布距离是否合理	
	摄像头、TP 屏等排座的脚位是否和客户的要求一致	
	结构上的限高要求，布局上是否都满足	
	所有的 IC 第 1 管脚是否在 PCB 上标示明确	
	易受干扰区域，若需屏蔽罩，是否预留屏蔽罩的位置	

2. 硬件设计部分的 QA 检查

硬件设计部分的 QA 检查如表 12-6 所示。

表 12-6　硬件设计部分的 QA 检查

类　别	检 查 内 容	Y/N
硬件设计要求	是否检查了原理图中悬浮网络、单端网络、元件位号及管脚号重复，存在的问题是否可接受	
	所有三极管和 MOS 管脚位封装是否正确	
	叠层设计中是否考虑 PI、SI	
	电源、RF、差分及差分等长、阻抗线、DDR 走线及等长、T 点等电气约束规则是否已经规范	
	PCB 上能否添加标示点规范，是否添加测试架测试点	
	整体布局是否按照信号流向进行，是否合理	
	BGA 及大的 IC 布局是否考虑返修，间距是否大于或等于 1mm（最好 2mm）。需后焊的元件、背面元件不要靠得太近，是否有大于或等于 1.5mm 的间距（留有烙铁头的位置）	
	摄像头、TP 屏、USB 座、G-sensor、MIC 头等有方向排座的脚位和方向是否正确，尤其是插座是否有放反的情况	
	对于散热要求比较高的芯片（PMU、蓝牙芯片等），散热焊盘上是否添加散热大过孔，过孔是否开窗处理	
	MIC、红外头、接插件等穿板后焊的管脚焊盘是否采用散热良好的花焊盘连接方式	
	设计是否满足工艺能力要求（最小线宽 4mil，最小过孔 0.2mm/0.4mm）	
	重要电源载流考虑是否合理，VDD_LOG、VDD_ARM、VCC_DDR、ACIN、VSYS 及 USB 供电等大于或等于 2mm，过孔至少 4 个（0.3mm/0.5mm）。其他电源按照通用原则：表层 20mil 过载 1A，内层 40mil 过载 1A，0.5mm 过孔过载 1A	
	耳机左、右声道是否包地、处理好屏蔽，摄像头的 MCLK 和 PCLK 之间是否用地隔离，HDMI、LVDS 差分及 MIC 等敏感走线是否尽量采用包地处理，复位信号是否添加静电元件	
	WiFi/BT 天线 50Ω 阻抗线是否遵循走线最短、圆弧处理原则，信号焊盘和地焊盘间距是否保持 3mm，离板边是否有 1mm，方便电烙铁焊接	
	摄像头排线是否远离数据干扰区和电源功率电感	
	是否进行 DRC，存在的 DRC 报错是否可以接受，容易短路的位置是否添加丝印白油	

3. EMC 设计部分的 QA 检查

EMC 设计部分的 QA 检查如表 12-7 所示。

表 12-7　EMC 设计部分的 QA 检查

类　别	检 查 内 容	Y/N
EMC 设计要求	相邻信号层信号走线是否正交布线，若平行走线，是否错位	
	在打孔换层处 50mil 之内是否添加回流地过孔	
	对敏感信号是否进行地屏蔽处理，射频线周边屏蔽地过孔、割铜是否平滑无尖角，时钟线、DDR 高速线、差分线对、复位线及其他敏感线路是否满足 $3W$ 原则	
	是否已确保没有由于过孔过密或较大造成较长的地平面裂缝，电源层是否相对地层内缩，考虑 $20H$	

12.6　本章小结

本章选取了一个进阶实例，目的是让读者明白，其实高速 PCB 设计并不难，只要弄懂每一个电路模块的设计，就可以像庖丁解牛一样，不管什么产品、什么类型的 PCB，都可以按照"套路"设计好。

反侵权盗版声明

电子工业出版社依法对本作品享有专有出版权。任何未经权利人书面许可，复制、销售或通过信息网络传播本作品的行为，歪曲、篡改、剽窃本作品的行为，均违反《中华人民共和国著作权法》，其行为人应承担相应的民事责任和行政责任，构成犯罪的，将被依法追究刑事责任。

为了维护市场秩序，保护权利人的合法权益，我社将依法查处和打击侵权盗版的单位和个人。欢迎社会各界人士积极举报侵权盗版行为，本社将奖励举报有功人员，并保证举报人的信息不被泄露。

举报电话：（010）88254396；（010）88258888

传　　真：（010）88254397

E-mail：　dbqq@phei.com.cn

通信地址：北京市海淀区万寿路 173 信箱

电子工业出版社总编办公室

邮　　编：100036